在很多书里，本页的内容有点儿多余……

文本造型

……因为页面上什么也没有，无非将书名设置为较小的字号而已。这一页叫作"扉页"或"衬页"，法国人称它为"虚名页"（faux-titre），德国人称之为"衬页"（schmutztitel）。对书的实际介绍，包括副标题、作者、出版社，也许还有出版地点和出版年份，都会印在紧随扉页之后的版权页上。扉页的确有点儿浪费，它原先的作用是保护书芯在从出版商到装订工或买家的途中不致受损。所以，过去有些书籍装订商会切掉扉页并卖掉牟利。但是，跟以前一样，现在如果扔掉扉页而以版权页作为书芯的开头还是考虑欠妥，因为书皮或封面（有没有环衬页都一样）会黏到版权页上，这样的话版权页就不能被优雅地翻开。所以，扉页永远都不是一张实际的页面：它只是一个虚假的开始，一张没有内容的书页，但在本书里则是例外。

中信出版集团·北京　　　　　　［荷］扬·米登多普（Jan Middendorp）编著　杨慧丹 译　刘钊 罗琼 审校

当你拿起报纸、在城中散步、看电视、收取电子邮件、阅读远方来信、填写表格或访问网站的时候,你就是在使用某个人的作品——无论他是否意识到了,他都完成了一次

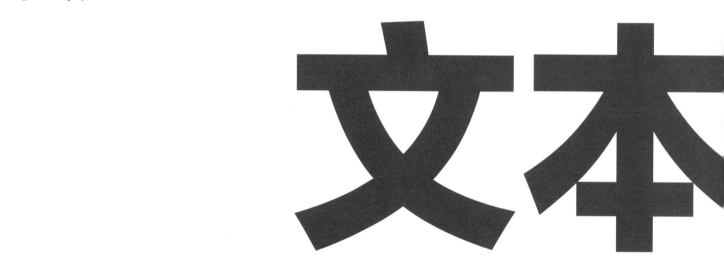

造型

文本造型，也可以称为文字设计，是指为影响或引导读者和观者注意力来展现内容的方法。本书讨论了时下的一些取舍——无论这些抉择是出于灵光一闪还是浑然天成，都为提升读者决断和评判他人设计的水平提供了必备素材。同时，本书配有丰富的插图，是在文字设计和字体设计这个奇妙世界里的阅读之旅。本书由**扬·米登多普**作于柏林，并于2011年在阿姆斯特丹的**BIS出版社**首次付梓。

→ 玛丽安·班耶斯（Marian Bantjes）对字母的评论。来自她的书《我想知道》（I wonder），2010年。

THIS is a very nice pair. Whoever did this was really thinking about the relationship between the upper- and lower-case. I like the way the capital **B** has some variation in the proportions from top to bottom. It has muscle; it has fat.
　Obviously designed by a man, the ball and stick of the lower-case **b** is simple and, appropriately, half of the capital **B**. Talk about male and female! That buxom, pregnant capital together with the excitable lower-case. *Bbbbeautiful*.

UNSUPERVISED junior designers. This is just lazy design, in my humble opinion. It is a curve, and a smaller curve. What's up with that? Think outside the circle.

126

图书在版编目（CIP）数据

文本造型 /（荷）扬·米登多普编著；杨慧丹译 . -- 北京：中信出版社，2018.4（2019.10重印）
（国际文字设计智库）
书名原文：shaping text
ISBN 978-7-5086-7513-8

Ⅰ.①文⋯ Ⅱ.①扬⋯ ②杨⋯ Ⅲ.①排版—设计 Ⅳ.① TS812

中国版本图书馆 CIP 数据核字 (2017) 第 093120 号

SHAPING TEXT by Jan Middendorp
Copyright ©2012 BIS Publishers and Jan Middendorp
Simplified Chinese translation copyright © 2018 by CITIC Press Corporation
ALL RIGHTS RESERVED
本书仅限中国大陆地区销售

文本造型

编　　著：[荷] 扬·米登多普
译　　者：杨慧丹
审　　校：刘钊　罗琮
出版发行：中信出版集团股份有限公司
　　　　　（北京市朝阳区惠新东街甲 4 号富盛大厦 2 座 邮编 100029）
承 印 者：中国电影出版社印刷厂

开　　本：880mm×1230mm 1/16　印　张：12　字　数：116 千字
版　　次：2018 年 4 月第 1 版　印　次：2019 年 10 月第 2 次印刷
京权图字：01-2018-1692　广告经营许可证：京朝工商广字第 8087 号
书　　号：ISBN 978-7-5086-7513-8
定　　价：168.00 元

版权所有·侵权必究
服务热线：400-600-8099
投稿邮箱：author@citicpub.comv

前页：Raffia Initials 字体的"M"，一款由亨克·库彻（Henk Krijger）于 1952 年为阿姆斯特丹铸字厂设计的字体。这个没有发表过的数字版，由 Canada Type 公司的帕特里克·格里芬（Patrick Griffin）在与设计师和彼得·恩德森（Peter Enneson）交换意见之后手绘而成，每一个字母都被拆成了三四股。

（英文版）的标题字是杰里米·坦克德（Jeremy Tankard）设计的 The Shire Types 家族字体，六款混合了大小写的字体可以自由组合。这样封底、封面和标题页的标题看起来都不一样。

"国际文字设计智库"编辑缘起——刘钊

信息的交流随着科技的发展变得越来越快，越来越频繁，每一个个体都成了文字设计的亲历者，解决本土文字与其他文字的关系成为设计界内外每一个人几乎都会遇到的问题。随着字体产业的高速发展，对西文的关注成为热门。随之而来，行业发展反作用于字体教育，需要文字设计教育者拥有全球视野。全国的设计院校越来越重视文字设计教育，多家设计院校相继成立了文字设计研究中心。我作为"字道"文字设计系列展览的总策展人，作为中央美术学院中国文字艺术设计研究中心副主任、国际文字设计协会（ATypI）中国国家代表，从2015年至今持续地引进纽约字体设计指导俱乐部（TDC）的获奖作品。没想到整个活动引起包括院校、字库厂商、设计师、设计媒体，甚至是使用全球字库的跨国企业的关注。人们都表现出了强烈的意愿，希望能更加深入地了解世界各国的文字，特别是拉丁字体设计。在这种背景下，我们有幸与拉丁字体设计的权威研究机构英国雷丁大学进行了深度合作，英国雷丁大学文字设计与视觉传达系字体设计硕士班课程主管、现国际文字设计协会主席杰瑞·利奥尼达斯（Gerry Leonidas）教授基于自己对拉丁字体的深入研究，为中国设计界多角度、系统性地引介了西方拉丁字体设计多年来的重要研究成果，这也就是"国际文字设计智库"的成书缘起。

"国际文字设计智库"编委会

主　编

刘　钊　中央美术学院博士，副教授，硕士生导师，中央美术学院中国文字艺术设计研究中心副主任，国际文字设计协会中国国家代表，TypeTogether中国区经理。Granshan国际非拉丁字体设计比赛中文组主席。

学术顾问

谭　平　中国艺术研究院副院长，教授，博士生导师。中国美术家协会实验艺术委员会主任。

杰瑞·利奥尼达斯（Gerry Leonidas）　英国雷丁大学（University of Reading, UK）教授，文字设计与视觉传达系字体设计硕士班课程主管，国际文字设计协会（ATypI）主席，国际非拉丁字体设计协会（Granshan）发起人之一。

王　敏　中央美术学院教授，中央美术学院学术委员会副主任。国际平面设计师协会（AGI）会员。

黄克俭　华文字库创始人，上海美术学院客座教授，博士生导师。

余秉楠　清华大学美术学院教授，新中国建国后第一位拉丁字体设计师，德国莱比锡平面设计与书籍艺术大学客座教授。

王　序　国际平面设计师协会（AGI）会员，东京字体设计指导俱乐部（TOKYO TDC）会员。

周至禹　中央美术学院教授，博士生导师，现任宁波大学潘天寿建筑与艺术设计学院学术委员会主任。

曹　方　南京艺术学院设计学院教授，博士生导师，国际平面设计师协会（AGI）会员，中国美术家协会会员。

刘晓翔　国际平面设计师协会成员，XXL Studio艺术总监，高等教育出版社编审，中国出版协会装帧艺术工作委员会主任。

何见平　平面设计师，柏林艺术大学造型艺术专业大师生和柏林自由大学历史系文化史专业博士双学历。Hesign设计和出版联盟创始人。国际平面设计师协会会员。

编委会

扬·米登多普（Jan Middendorp）　旅德荷兰设计作家、独立策展人。

卡罗琳·阿彻（Caroline Archer）　英国伯明翰城市大学教授，印刷历史学家。

里克·鲍伊诺（Rick Poynor）　英国雷丁大学教授，设计作家。

大卫·卡比安卡（David Cabianca）　加拿大安大略艺术与设计学院（OCAD）副教授。

马修·罗曼（Mathieu Lommen）　荷兰阿姆斯特丹大学特别收藏部（Amsterdam University Special Collections）策展人。

安·贝斯曼（Ann Bessemans）　比利时哈塞尔特大学（University of Hasselt）博士。

塞瓦斯蒂安·莫里亨（Sebastien Morlighem）　法国亚眠艺术与设计大学（University of Art and Design, Amiens）博士。

普莉希拉·法里亚斯（Priscila Farias）　巴西圣保罗大学（University of São Paulo）博士

王子源　中央美术学院设计学院教授，博士生导师，世界设计组织联合会（ico-D.org）副主席（2015-2019），中央美术学院奥运艺术研究中心副主任；中央美院文字艺术设计研究中心副主任。

林存真　中央美术学院设计学院副院长，博士，教授。1997年创办《艺术与设计》杂志。

李少波　湖南师范大学美术学院院长，博士，北京大学中国文字设计与研究中心学术委员。

邢　立　印刷文化遗产收藏家与研究者。

谭智恒　香港知专设计学院传意设计学系主任、传意设计研究中心总监。上海美术学院字体设计工作室特聘研究员。

孙明远　博士，澳门理工学院副教授，中央美术学院中国文字艺术设计研究中心研究员。

胡雪琴　中央美术学院副教授，博士，硕士生导师，中央美术学院城市视觉文化研究所副主任。

周　博　中央美术学院副教授，博士，"设计经典译丛"主编。

吴　帆　美国耶鲁大学艺术学院平面设计硕士，中央美术学院教师。

王静艳　上海美术学院字体工作室负责人，博士，副教授，研究生导师。中央美术学院中国文字艺术设计研究中心研究员。

杜　钦　同济大学设计创意学院助理教授，博士，中央美术学院中国文字艺术设计研究中心研究员。

陈永聪　国际标准化组织表意文字小组（ISO/IEC JTC1/SC2/WG2/IRG）青年专家

用于全球视觉传达的文字设计知识

杰瑞·利奥尼达斯（Gerry Leonidas）

我们这个时代的主要挑战之一，就是我们的理念要适应这样一个视觉传达日益彼此联系和日益个人化的世界。令上一代人难以想象的是，这个新环境贯穿于我们的生活中：从学前教育到在最高知识境界的思想交流，从最个人的日志到一位艺术家或权威人士最为公开的言论。视觉传达的专业人士是这些文本的读者，也是这个变化过程的积极促成者。从作者到出版商，从设计师到编辑，从排版工人到软件工程师，以及视觉传达链条上的其他职业，唯一不变的是我们使用的媒介一直在迅速发展。

在这种情况下，人们很容易认为新颖性是压倒一切的，尤其是许多新闻标题越来越关注年轻一代的习惯。然而，在交流需求中的吐故纳新和我们复杂的人口结构，意味着视觉传达设计必须能深入了解各种各样的阅读者，以及人们与文本互动中的每一种字体，顾名思义，它就是一个包容的学科。从这个角度来看，传达设计是一种为全社会服务、支持现有行为，并促进发展和革新的学科。在这个意义上说，文字设计是人类与企业活动的联结点：没有文字设计的话，我们的文化所依赖的共享文本将会很乏味。文字设计用时间、空间和理念来调节个人和机构的联系。

如此说来，文字设计也是一个专业实践和商贸相关的学科。作为一个在所有人类活动中完整不间断的元素，文字设计无法与世隔绝：它反映并传递了每个社会的价值观，并处于不断发现和整合的过程之中。每一代文字设计者都是在前一代人的实践成果上，根据科技、经济结构和社会价值观的变化不断地探索出新的途径。

如此说来，视觉传达专业设计师首先要学习以往与当下同行的实践经验：发现新的设计解决方案在现实世界中是如何努力形成的，并随着时间的推移得以采用或被舍弃。我们要学会把握在文化和社会关系中的发展趋势，以及我们生产和消费文本的趋势。从根本上和本质上去除那些无足轻重的东西。实现这些目标最好的方式是，通过那些颇具声誉的同行的探索和学识来引导我们的学习之旅。通过精心挑选一套"国际文字设计智库"这种远程协作的方式，我认为将有助于人们理解文字设计学，为设计师的实践奠定坚实的基础，以及让有经验的专业人员理解我们是如何交流的。

"国际文字设计智库"看起来关注于一个细分领域，即文字设计和字体设计——但为视觉传达设计提供了极棒的训练。整套系列书里每一本书的主题关注了一个不同的方面，并作为我们与科技、文化和形式关系之中的一种思想探索方式。本系列书里每本书的内容都将有助于我们从更宽泛的角度思考问题，仔细思考在我们交流的各个方面中传统、创新和创造性的局限。

这套书聚焦于拉丁文，并在文字设计史上带有欧洲人的视角，但却涵盖了对学生和专业人士全球适用的基本知识。这套书也会引发专业领域内更为广泛人群的兴趣，因为它们阐明了许多全球化文化的特征。这些书里富含的经验提供了跨文化的洞见，强调了设计中的协作，同时提供了一个用于考察本土和地区差异的构架。

"国际文字设计智库"的主题源于各个国家的不同作者，且独立构思而成。然而，当组织在一起时，这些书就会产生附加价值：每一本书阐明了文字设计的不同方面，但组成系列书后则会使有一定深度的专业知识更容易被理解，而这在单本书或某一位作者的著作上是很难实现的。从这个方面来说，这套丛书为视觉传达设计和文字设计提供了理想的基础知识，也开启了个人藏书的绝妙体验。

谦虚地开启自己的探索

杰瑞·利奥尼达斯（Gerry Leonidas）

对任何新事物而言，第一步往往是最难的。我们需要了解自己的起始点，并向着正确的方向推进。起始点并非存在于虚空之中，而是处在无数人的行为和交易的顶端：不同时空的创作者和思想者、商家与消费者都有助于我们谦虚地开启自己的探索。

正因如此，我们需要学习文字设计：这是一个充满社会与科技、地理与贸易相互作用的领域；它包含了横跨几个世纪的趋势和当下的时尚潮流，并且囊括了不同于其他领域的传统和现代之间的张力。很难想象一切事物都应该纳入我们的学习范畴当中。对初学者迈出他们的第一步来说，《文本造型》以简洁的方式呈现了这些内容，而对专业人员而言，《文本造型》也能加深他们对文字设计的理解。

在"国际文字设计智库"中，第一本书《文本造型》的责任更为重大。《文本造型》的中文版把中国的读者带到了一个富于传统、表现复杂并有着深厚专业知识的世界。《文本造型》让学生和设计师学到新术语，建立起全球知名风格之间的联系，却又具有因地而异的本土价值观。更重要的是，《文本造型》可以帮助读者把自己置于跨时空的文本和文本创造者的连续体中，并为读者提供工具以绘制自己的学习轨迹。

《文本造型》通过5种干净利索的抉择来达到这点。第一，本书将文字设计视为一门内容宽泛的学科：它包含了系统的文档规划，以及与读者互动的设计，也包含了字体设计师所要用到的细节和模式；并且介绍了各种设计领域在文字设计方面的运动。第二，本书均衡地涵盖了文字设计各个方面的知识，以设计师在设计过程中所做出的决策描述了文字设计的历史发展。第三，本书在内容的丰富程度与表达的简洁程度方面也达到了一种令人钦佩的平衡，并将洞见融于行文之中。第四，本书有大量插图，适用于有设计目标的文本：对文字设计本身来说是一种间接的经验。第五，本书将焦点贯穿在本书读者的文本上及其他文本上：本书没有忘记每一个文字设计都有其存在价值，并表明了文本创造者与读者之间的联系。

简短的章节和丰富的插图使《文本造型》这本书的内容看起来并不多。事实绝非如此：清晰的阐述与精心设置的重要细节都彰显了扬·米登多普的专业素养。其专业素养还清晰地体现在其能够轻而易举地使不同的阅读策略产生应有的效果：本书既可以从头至尾阅读，又可以选择某一页深入阅读。你既可以在正文旁边观看图片，也可以沿着信息性标题翻看图片。总之，这本书是尊重读者的典范之作：它不仅易于阅读，还非常重视读者的兴趣，而且毫无保留地提供了丰富的信息。

《文本造型》值得一读，它涵盖极广，书中的插图和独特文本涉及文字设计的方方面面。本书成功地将易读性及权威性结合起来，对学生和设计师而言，这是极具价值的著作，也是任何设计师值得入手的藏书。

赋予文本形象与生命力

王 敏

2017年1月里的一天,刚落过雨的旧金山渔人码头有些寒冷,但此时我心中却有几分暖意。我约了萨姆纳·斯通（Sumner Stone）在这里吃饭。萨姆纳曾经是Adobe公司的字体设计部门总监。20世纪八九十年代,在他的带领下,Adobe将很多铅字与照排字体转化成数字字体,为出版与印刷、设计与传播的技术变革奠定了重要的基石。1987年萨姆纳设计的Stone字体家族是第一款完全在计算机上设计的字体。1986年,我还是耶鲁大学的研究生。我对字体设计的认识,对文字设计的热情,大多源于与萨姆纳的交往,源于为他所设计的字体Stone,以及为Adobe字体做宣传设计的过程。要宣传推广字体,先要对字体本身有深刻的认识,对西方传统文字设计中经典与文字应用规矩的精通,还要对现代文字设计趋势有一定的把握,可以说萨姆纳是我对西文字体设计的第一位启蒙者。

见到萨姆纳时,我很激动,岁月在他身上留下的是充满睿智的眼神和些许白发,那神清气爽的样子肯定来自练习太极。整个午饭的过程中,我们的话题始终围绕着字体设计。我告诉萨姆纳,在中国如今也有很多人着迷于文字设计,不仅对汉字字体设计,对西文字体设计同样充满了热情。我的很多学生在做字体设计的研究工作,或是专注于文字设计。我们都清楚,尽管传播的手段在改变,技术在发展,但作为信息传播最基本的介质——文字,却一直是人类文化中最为重要的元素！我们无法摆脱对字体设计的关注,处理好文字与图像、文字与内容的关系是设计师的基本职责。而设计教育的机构也应该将文字设计作为一门最基本的课程。

另外一位对我来说很重要的西文字体设计的启蒙者是马修·卡特（Matthew Carter）,他是一位重要的西文字体设计师,多年来在耶鲁大学教授字体设计。卡特常常让学生用两个星期的时间写几个字母,在不断修改的枯燥过程中培养学生对字的美感与结构的深刻认识。马修的课程让我认识到在西文字体中有着与汉字同样对结构、黑白布局、形式美感、细节和识别度的诉求；与视觉研习相对应的是对西文字体设计历史的追溯,每一款字体的产生都有其文化与技术的背景,以及深深的时代烙印。

书法历来为中国文人所重视,人们对文字历来不缺乏关注。近年来人们对印刷字体的关注应该就源自这样的传统,但我们对西文字体的设计一直缺乏深入了解。尽管从视觉的角度来看,西文字体在设计上与汉字有共通之处,但其所承载的文化与历史极为不同,几百年来形成的规矩,设计者与观者对其特殊的感受,字体自身的价值与其所呈现的符号意义,有待中国设计师深入了解。

应对今天中国所涌现的对西文文字设计的热情,我很高兴看到中信出版社的"国际文字设计智库"问世。这套译丛由英国雷丁大学、中央美术学院和国际字体协会联合推荐。刘钊老师为此花费了很多心血。雷丁大学多年来是西方在文字设计领域学术研究的重镇；国际字体协会是推动字体设计发展的组织,每年都会召开字体设计年会；中央美术学院设计学院十余年来为推动中国字体设计的研究与教学做了大量工作,形成了丰厚的学术积淀,培养了一批文字设计研究与实践人才。相信这套有分量、有水准的丛书,会为中国文字设计的发展起到重要的推动作用。

推荐语

扬·米登多普的《文本造型》从不同角度阐释了文字设计的作用,为设计师研习文字设计提供了大量案例、素材与设计理念。我很喜欢扬·米登多普在书中把"Typography",即文字设计的作用描述为文本"造型"。当设计师将文本、图形与图表、色彩等不同元素整合在一起时,就是在为文本造型,就是在赋予文本形象与生命力,就是在给予文本传播的力量,就是在带给社会视觉的盛宴。在这样的工作过程中,设计师是主动的创造者,而不是被动的排版师。

——王 敏

人类在阅读与观看中形成交流,启发思想,积累知识;而吸引阅读与观看则需要通过视觉设计。良好的文本视觉设计帮助阅读者清晰、有效、便捷地理解内容。在信息图像泛滥的时代,视觉设计的重要性益发显现出来。《文本造型》便是这样一本具有实操经验的设计书籍,从字体了解与选择、文字设计细节和设计策略理念等角度深入浅出地予以论述,对学习文本编排的学生而言,有着专业技术指南的指导意义。

——周至禹

既然文字是一种特定的文化符号,那么文字本身也就可以成为一种文本,更确切地说,文字的设计——字体就是可读可解的文本,它传达出特有的视觉信息,它成为表现本体的语言,它成为具有某种独立价值的系统及谱系。

文本造型,或许是从造型的角度来诠释文字,或许是把文字的结构、比例、轮廓视为雕塑来解读,或许是从纯视角的层面对熟悉的主体进行深层的阅读。于是这种文本重新使文字回归到它的初始状态,刻画、镂堆、楔形,超越书写、墨戏、变体,在鸟虫、狂草、涂鸦中徘徊。于是,这种文本可以接受雕版印刷、印刷、数字化的考验,并从中获得新的无尽形态与形式。于是,这种文本令作者痴迷,令读者愉悦,令学习者迷惑。

——曹 方

这是一本不一样的字体书,或者说这是一本关于怎样使用字体的书。要更好地了解字体就必须超越字体本身,而将其看作视觉环境构造的"砖块"来审视,这是《文本造型》一书所包含的深意。

因此,在关注字体的同时,扬·米登多普更关注字体的实际应用,通过直观的案例解读,为人们呈现字体应用中的"罪"与"恶",并以此为基础,探讨设计过程中的"规范"问题。这种可供开放讨论的"规范"成为解读西方字体的另一个视角,有助于我们轻松地从更加本质的层面学习相关的字体知识。

——李少波

扬·米登多普围绕着"文本"这一概念,为这本书精心建构了独特的章节论述体例,从而展现出强烈的个人学术观点。《文本造型》超越了一般意义上的知识性工具书,具有自己的方法论属性,为人们理解作为一门学科的文字编排和平面设计提供了一个独特的视角与支点。

阅读本书的乐趣不仅在于典型、丰富且论述翔实的视觉图像,更得益于作者富于思辨的行文风格:在独特的学科历史中,以对照呼应的论述手法娓娓道来,用大量案例形象、具体、生动地阐述了平面设计历史中多样的代表性观点。同时,在不同观点的碰撞与上下联结中展现出扬·米登多普自己的见解。

——吴 帆

自序

扬·米登多普（Jan Middendorp）

对一个专门研究西文字体的作者而言，著作能被译成中文是一种荣幸。以本书来说，这真的是一种殊荣。在撰写本书时，我面对的是西方的学生。本书阐述了我所说的"文本造型"的技巧，也称为"文字设计"，即当设计书籍、杂志、包装、海报等时，做出选择并找到解决方案。当我这本书被选作母语和书写用语是中文的学生和年轻设计师的教材，并以最佳的方式来呈现时，这是一种莫大的认同。

跟大多数西方人一样，我既不会说中文，也读不懂，但我知道很多中国人对西文书写体系还是有些了解的。试着从这样的角度来理解，其实是很迷人的。当我在看中文、日文、韩文，甚至是梵文时，我所看到的全是抽象的符号。这其实是有双重作用的。一方面，我无法读懂。虽然我知道那些书写符号表示语言，但对我而言，它们毫无意义，只是形状而已。另一方面，恰恰因为前述缘故，我对这些形状的感知会非常强烈，并感受到其具有的美感。由于我只看到了形态却不懂其含义，形状是我大脑唯一能理解的东西。也许我会看到一些中文母语者未曾注意到的细节和图案。

那么，回到你们的视角上，即阐述拉丁文字体这本书的读者们，你们对本书所展示及分析的字体和版式的看法，将有异于西方学生。但你们中的大多数人并不像我，我可是个中文"文盲"。但愿我能通过你们的眼睛感受到奇妙，或许是感受到疑惑也说不准（这真的很美妙吗？这做得真的不错吗？人们真的能读懂吗？为什么不能简洁点儿？或者，为什么不更雅致点儿？为什么这看起来如此实用且有力？）。我的中国读者们，我期待着有一天能与你们中的一些人相聚，并一起探讨你们的想法和对本书的解读。

我希望这本书能为你们提供见解和启发。谨呈自柏林最诚挚的祝福。

目录

3 引言：文化、传达、文字设计

7 阅读的方式

- 这些单词毫无意义…… 8
- 易读性：设计对阵科学 10
- 文字设计和设计师的作用 12
- 视觉修辞 14
- 阅读的模式 16
- 一连串想法：沉浸于文本中 18
- 导航：引导读者 20
- 筹划读者的体验 22
- 用字体来诱导：包装 24
- 用字体来诱导：封面 26
- 企业形象，企业设计 28
- 信息设计，为您效劳 30
- 为网页做设计 32
- 为艺术而艺术：给文字设计爱好者的产品 34

37 组织和策划

- 控制画布 38
- 模块化和效率 40
- 神圣的比例 42
- 书籍设计的秘密原则 44
- 观察网格系统 46
- 网格的类型 48
- 暴露网格的意义 50
- 网页中的网格 52

55 了解和选择字体

- 关于选择字体的思索 56
- 正文字体和展示字体：面包与黄油 58
- 字体、一套字体、字体家族、字符集、字体格式 60
- 字体家族成员 62
- 真假意大利体 64
- 解剖字体：衬线与干树枝 66
- 字体的对比 68
- 字体分类 70
- 通过书写工具来分类 72
- 旧瓶装新酒 74
- 古登堡之前的"字体" 76
- 断笔手写体（黑体）78
- 文艺复兴人文体：坚不可摧的范本 80
- 皇家的笔画粗细对比 82
- 文字设计的噪音 84
- 主要类型：商业美术、现代主义、装饰艺术 86
- 字体和绘制文字的模块化 88
- 那种瑞士风格的感觉 90
- 无衬线字体的解放 92
- 正文字体：更新 94
- 视觉尺寸：量身定做的字体 96
- 选择字体 98
- 字体的组合 100
- 不用现有字体也能做出"字体" 102
- 手写体：字体还是绘制文字？ 104
- 寻找与购买字体 106
- 屏幕上的字体：一些确凿的事实 108
- 年度网络字体 110

113 文字设计的细节

- 使文本看起来正确 114
- 段落设计 116
- 对齐 118
- 连字符与齐行 119
- 识别章节与段落 120
- 首字母 121
- 字母与单词、黑与白 122
- 微调标题字 123
- 间距：字距与字偶间距 124
- 视觉矫正 125
- OpenType 字体的功能和特征 126
- 小型大写字母 128
- 连字 &c. 130
- 花式书写笔形、装饰笔形、起笔和收笔 131
- 拉丁文的标点符号 132
- 连字符、破折号、空格符 – ¡ 及更多的符号！ 133
- 各种数字 134
- 根据情况调整 136
- 小字号和窄字体 137

139 设计策略和概念

- 文字设计与好创意 140
- 风格与立场 142
- 参考、模仿、恶搞 144
- 标志策略 146
- 企业字体 148
- 材质与三维 150
- 空间的错觉 152
- 四维空间 154
- 手工制作的诱惑 156

159 字体与技术

- 文字设计的技术简史 160
- 五个世纪的文字排版 162
- 加快印刷速度 164
- 利用光来排版 166
- 人人都能用的展示字体 167
- 技术发展的利弊 168
- 数字时代的字体：我们需要更多的字体吗？ 169
- 参考书籍与延伸阅读 170
- 设计师及设计公司的图录索引 171

das gesicht unserer zeit ist klare sachlichkeit
die neuen **bauformen** sind nicht mehr architektur im alten sinne: konstruktion plus fassade

das neue **kleid** ist nicht mehr kostüm

die neue **schrift** ist keine kalligraphie

häuser, kleider, schriften werden in ihrer form durch die einfachsten elemente bestimmt

引言：文化、传达、文字设计

要想了解一个时代，去探究当时的书写和印刷是一种不错的方法。20世纪30年代是一个变革的时代，新旧事物之间充满强烈反差。这里所展示的Erbar样本的页面，相当好地总结了这种变革。巴洛克建筑（在20世纪30年代末遭轰炸前的德国城市中有着举足轻重的地位）的装饰、洛可可服饰和哥特式字体不仅被描绘成毫无希望的过时之物，还有点儿颓废。这幅广告中的Erbar和那个时代的商用字体一样（Futura字体是此类字体的先驱者），似乎成为这次除旧布新的一部分。在简化形式的诉求之下蛰伏着的是人们对有所作为的躁动和渴望——那是对新价值观的向往。

一切皆有可能

在我们的时代里也一样，文字设计（文本造型）给出了一些有趣的提示，关于我们的文化是如何表现的提示。首先，草率地浏览版式格局不会提供任何有关主导趋势、有关共同愿望和梦想的关键线索。就像以前一样，设计师们总是在寻找一些新的形式来表现他们使用的技巧，但同时也还是这些设计师追昔抚今，喋喋不休地谈论着以前流传下来的几乎每一种风格和字体。怎么样都好，现在很少有人会对别人的选择提得起兴致。从积极的一面看，在这个世界里表达可能性永无止境，没有任何"禁忌"，但这也可以解释为漠不关心：谁还在乎呢？

其次，关于平面设计师的行业地位存在相当大的困惑；更不用说那些曾经被认为是高度专业化的，但现已几乎消失的技能：排字工、校对员和平版印刷工的工作。数字化世界里还有排字工，但他们的人数很少，并且正在减少。他们这些人的工作被心照不宣地一边分给作者和编辑，另一边分给设计师和桌面出版专家。然而后者未必接受过精心处理文本的训练，因此，文本经常看起来比过去的更糟糕。没多少人注意到这种情况，因为你已经习惯了一切。

此外，越来越多视觉传达作品的设计者几乎不花时间来考虑设计和创作，因为这些人的脑子里还装着其他事情：他们真正的工作是成为经理、秘书或是组织者。就这样，从激光打印机里一吐就是一打的报告跻身印刷品行列，PowerPoint演示文稿也改头换面，成了版面设计，连博客也打起平面设计的幌子，即使博主们可能根本就没有意识到哪些选择形式是为他们设计的，以及他们可以如何影响这些选项。简言之，计算机的出现带出了一大堆的非专业设计。平面设计师们找来处理这种情况的一种方法就是，在他们的设计中融入俗气的数字化设计元素——例如把居中的文本设置为Arial、Times或Courier字体，使用斜体的大写字母，加粗下划线，以及在黄色、粉红色或浅蓝色的胶版纸上印刷黑字——通常还不清楚这究竟是为了讽刺，还是这种自觉的"非设计"风格被认为很酷。创作风格方面的混乱是彻头彻尾的。

← 字体样本页面，Erbar, Ludwig & Mayer作品，美因河畔法兰克福，1930。文字写的是："我们的时代面貌是有朝气、有效率的。建筑的新形式不再是老观念中的建筑式样：结构加上徒有其表的外观。新款衣服不再是某阶层的服装式样。新的铅字不再是花体字。房屋、服装和字母的形状都是由最简单的基本元素决定的。"

↓ 为荷兰的"波兰勤杂工队伍"（Polish handy-man team）设计的传单。这是一个俗气的桌面设计的典型例子，居中的文本设置为Times New Roman字体。马丁·奥斯特拉（Martijn Oostra）的收藏。

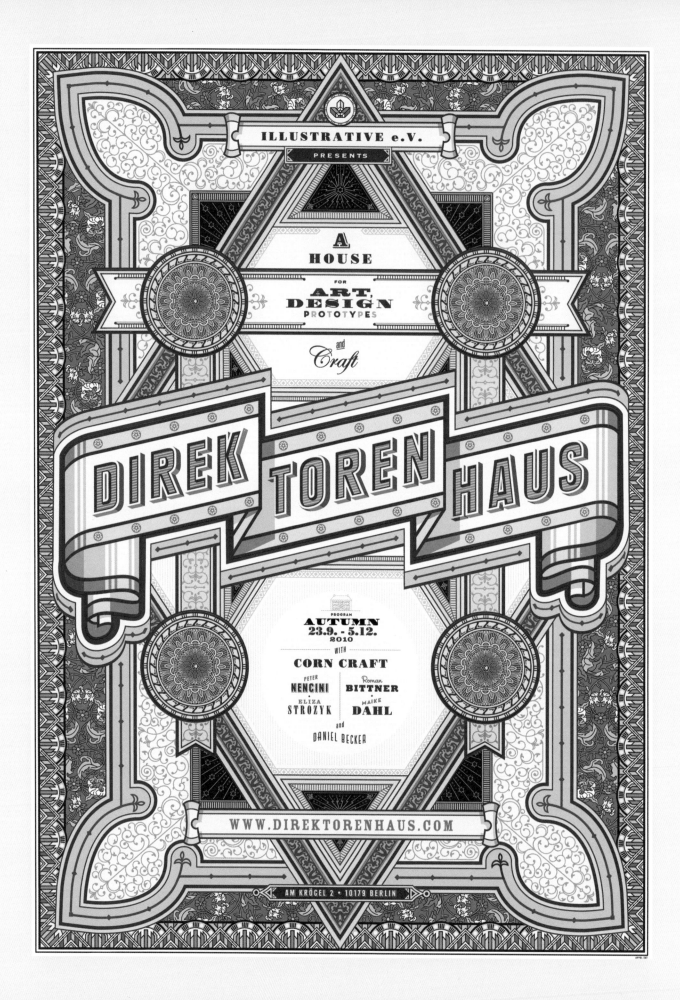

好消息是，越来越多的非专业用户对绘制文字和文字设计产生兴趣。一台新的 Windows 或苹果电脑搭配的字体数量比 50 年前普通排字间的贮存数量还多。今天，秘书、教师或店主手头上用来设计和排版的工具的复杂程度，以前只有那些专业人士才应付得过来。自然而然，这些使用者想知道更多有关设计、字体和图像的事情。专业网站和博客的巨大成功证实了这种需求。差不多有 7 万人订阅了文字设计博客"I love typography"（我爱文字设计）。博主是一名驻日本的英国人，叫约翰·博德利（John Boardley），他为 MyFonts 字体网站编辑业务通信，每月两期，超过 95 万用户成为这些通信的读者。从来没有一本行业刊物拥有过这么多读者。有许多读者是设计师和出版商，但还有很多其他不同领域工作的读者，如艺术、新闻或是经济专业的学生，甚至是退休赋闲的经理。

这是本什么类型的书？

这个问题带给我们的是本书的目标读者——一个成分广泛的群体。本书讨论的是针对书面语言进行的造型和操作，无论是显示在纸张上、外部环境中，还是屏幕里。本书意在成为字体用户、设计师、作家或是编辑的指南。作为基本构件，字体是本书的中心内容，但这并不是一本关于字体设计的书。字体是在语境中产生效果的，如书籍或杂志、广告宣传活动、品牌推广或是标识系统项目。因此，本书把通常的顺序颠倒过来：不是从论述砖块（字体）开始，我们首先检查的是用这些"砖块"建造的结构和这些"砖块"所完成的任务。

其次，本书会对字体的发展和特征给予充分的重视，但主要是关注它们完成任务时所发挥的作用。最后，我们会放大细节，探讨文字设计的"规范"。现在设计师的创作比以前自由得多，但在什么是好的或不太好的文字设计解决方案方面仍然存有共识；甚至在关于文字设计中"罪"和"恶"的方面亦有相当程度的趋同。这些情况本书都有涉及，但并未斥以说教。当今文字设计领域中的"恶行"数不胜数，而且经常是有备而来。但要想准确地避免这一点，设计师需要做出明智的选择，而这种选择往往要求设计师掌握一些如何取舍的诀窍。这可能就是本书的第一要务：奠定一个基础，使之在必要的情况下足以应付设计中的大量过错和滥用。

致谢

本书出版费时之长颇出人意料。首先我谨向 BIS 出版社的鲁道夫·范·维泽（Rudolf van Wezel）致以谢意，他既富耐心又给予我鼓励。另外，我要感谢提供编辑建议给我的几位荷兰设计界的朋友：文森特·范·巴尔（Vincent van Baar）、胡格·席佩尔（Huug Schipper）和扬·威廉·斯塔斯（Jan Willem Stas）。感谢提供英文书名的劳伦斯·彭尼（Laurence Penney）。特别感谢那些在本书的最后阶段提供编辑和设计帮助的人：凯瑟琳·达尔（Catherine Dal）、克里斯汀·格特什（Christine Gertsch）、弗洛里安·哈德威格（Florian Hardwig）和安东尼·诺尔（Anthony Noel）。最后也是最重要的谢意，献给诸多在文本造型上用个人独特的方式创作出如此令人印象深刻的作品的设计师们。

← 柏林 Apfel Zet 设计工作室的罗马·比特纳（Roman Bittner）和其他员工接受过德国现代主义的实用主义传统训练。在那些于世纪之交时建成的旧城郊的浪漫主义建筑及其他事物的影响之下，他们发展出一种独特的平面设计风格，其中插图和装饰举足轻重。这幅艺术与设计活动的海报，模仿了 19 世纪最后几十年中充满生气的字体样本的封面设计。

↓ 在同一年的 2010 年，在同一个城市，xplicit 设计咨询公司创作了这幅海报。这幅同一时期的后现代平面设计作品，采用了居中的布局作为一种嘲讽的修辞手法；但它看起来就显得不太一样。

玩比例：防水书包

1993 年，来自瑞士苏黎世的平面设计师兄弟马库斯·弗赖塔格（Markus Freitag）和丹尼·弗赖塔格（Daniel Freitag）需要一种耐用的、多功能的防水书包来携带他们的设计作品。受到在他们公寓前公路上隆隆行驶的涂装鲜艳的货车的启发，他们从旧的卡车防水帆布上裁切出斜挎包，用二手车的安全带做肩带，用旧自行车的内胎做书包的边饰条。除了这款挎包处女作之外，弗赖塔格兄弟后来创作并出售了超过 40 款男士和女士用包。当防水帆布裁剪到一定尺寸时，按照公路运输卡车尺度做的文字设计的比例得以展现出意想不到的抽象特性，时不时表现出超乎想象的美。

摄影：诺埃·弗卢姆（Noë Flum），由弗赖塔格提供。

阅读的方式

这些单词毫无意义……

如果你无法阅读它们的话。也许这听上去像是陈述显而易见的事实一样,不过,花一分钟时间来细说阅读的奇迹是值得的。想象一下,如果这里的字符都是你不知道的文字,如阿拉伯文、中文或泰文。你当然是在看这样的页面,欣赏其中的图形和颜色,但绝对不是在阅读。文本只是抽象符号的集合,页面对你来说就像你从来没有打开过这本书一样。

如果你面对的是一种你确实了解的文字——在我们这本书里就是指拉丁文字,并且你也看得懂用来书写文本的语言,那么相反的一幕就会出现。你看到的不是符号,而是单词。也就是说,你正在阅读。你在句子之间跳跃,速度之快连念完一句话都来不及。接下来的事情非常奇妙:"那些印制的字母就像一杯水里的泡腾片一样在你的脑海里消散。瞬间,所有的黑色符号从舞台上消失了,取而代之的是观念、表述甚至是真实的图像和声音,回到我们的面前。"荷兰最负盛名的字体设计师杰拉德·因赫尔(Gerard Unger)在他的著作《当你阅读时》(While you are reading)里就是这样描绘了阅读的本质。

阅读不仅是一种最有吸引力的人类技能,在我们的社会中也至关重要。阅读困难的人——如阅读报纸、警示牌、税务通知书——在社交上极为脆弱,更容易陷入麻烦。

学会观看

此外,"阅读"远不止辨认字母和单词。从童年开始我们就学着领会页面上各种元素之间的联系。我们学着选择对自己重要的信息,我们幼稚地学着从文本和图像的相互作用中得出结论。我们学着按照文本的造型方式——如文本的位置、对比度、字号、颜色,甚至是选定的字体——来诠释其中的含义。

即使读者看得懂一段文本,他们对其内容的理解程度也不一致。这是因为各人的修养层次不同,它跟天赋相关,但个人经历和教育更加重要。这种情况同样适用于"视觉修养"。同样,视觉修养并不算是一个资质上的问题,而是一个有关学会去观看的问题。无论一份保险单或一幅网页设计得如何明明白白,对从未接触过的人而言意义甚微。认为有某种东西能像接口一样,让事先没有相关知识的人也能"凭直觉"把握到事物的工作方式的想法简直就是荒谬。就像语言是需要学习的,形式的语言也需要同样的学习过程。

那些从事文本造型的设计师、艺术指导、印刷人员、出版商和编辑,需要应付广大读者的视觉修养。如果你是其中的一员,你可能会遇到各种各样的用户和读者,从一无所知到富有经验到苛刻逼人的都有。要和如此多样化的读者交流,处理内容和形式的时候需要审慎而持重。

↓ 一份在旧金山出版的日语报纸的头版片段。如果你不懂日语,那你的注意力就会不自觉地被"Bay Area"和"Club Jazz Nouveau"这几个短语吸引,因为这是我们唯一可以读懂的单词。

"规则"与"定律"

这并不是说，要成为一名高明的设计师或编辑，就要对着那些满是规章制度的指导手册循规蹈矩。这其中当然有许多令人印象深刻的文字设计"定律"和惯例，但正如我们将看到的，这些规则日益扭曲。事实上，自古以来这些扭曲中的相当一部分都是人们有意为之。大多数设计师都有自食其言的作品。即便如此，重要的是要明白，这些惯例的存在是让你能清醒地去遵从或是舍弃这些规则——而非出于无知。

照字面的理解，惯例就是指共识，即人们按一定方式达成一致的东西。惯例可能是强制性的（如开车靠右或靠左行驶），但也可能是实用性的（如在汽车左边配置方向盘来方便靠右驾驶）。文字设计这门学科，即文本造型，有无数的惯例，其中有一些合理而且实用，另一些是些习惯或传统遗留下来的残渣剩饭，更多的则是介于这两者之间。由于用户可能已经了解这些惯例，或者依赖它们去领会他们看到和读到的内容，所以了解一些有关文字设计的"规则"和可能例外的知识是相当明智的。而更重要的是：学会比用户更懂得观看。

↑ 熔岩工作室（Lava Studio）为阿姆斯特丹的巴利剧院（De Balie）创作的月历。充满了众多字体和彩色装饰的形象标志传达出巴利剧院的多样性和多元文化的特性。从版面上看，它对文字设计规则的态度是相当随性的：带下划线的文本和使用粗斜体的大写字母，无所不用。

← 另一个打破常规的例子：由亚历克斯·绍林（Alex Scholing）设计的"廉价美学"（Cheap Aesthetics）是为"FontShop比利时、荷兰、卢森堡"创作的系列广告的一部分。这一系列刻意丑化的作品，在一年一度的东京字体指导俱乐部（TDC）奖中获得了优秀文字设计奖的提名。

→ 易读性　10
→ 文字设计的细节　113
→ 概念与风格　140~142

易读性：设计对阵科学

阅读实质上是一种眼睛与大脑之间高深莫测的相互作用。读者瞬息之间就能识别字母、单词和句子片段，找出关联，得出结论。目前还很难证明究竟是什么因素影响阅读过程的效率。数十年来，心理学家、生理学家和文字设计师在阅读的视觉、心理学和生理学方面进行了研究。他们用精密的机器研究我们眼睛感知文本，以及大脑随后处理的方式。通过测量阅读次数和询问测试对象对文本的理解，他们一直尝试找出最适合阅读的字体。

在这些测试中被反复提及的一个问题是，究竟是有衬线的字体还是没有衬线的字体能使阅读更容易、更舒适。科学家和文字设计师从未在这个问题上达成过一致。很多有关文字设计的论文和教科书认为，迄今为止经典的衬线字体是正文的最佳选择，文本主体通常设置在大约8点到12点。据说，衬线字体在视觉上能连接单词和字行中的单个字母，从而保证视线能水平向前运动。文字设计师的这种易读性理论在学术研究中几乎找不到证据支持。他们最多能证明的是，人们在印刷文本上略微偏好于衬线字体，而在屏幕上阅读时则更中意无衬线字体。

非常有可能的是，文字设计师的理论（至少有一部分）只是出于传统和习惯而在个人喜好层面上的合理解释。但学者们也应该承担一部分责任。学者们无视文字设计知识，不考虑诸如大小、行距、粗细、风格对比等重要的变量，拿无衬线字体（如 Helvetica）与最近的古典体书籍正文字体（oldstyle book type，通常是 Times）做比较。比方说，用 Gill Sans 字体跟 Goudy Oldstyle 字体比较，可能会出现完全不同的结果——更不必说用 TheSans、FF Kievit 或 Shaker 字体这些为便于阅读而设计出来的当代无衬线字体来进行比较，该是如何荒唐了。

然而，乌云后面总有一线阳光。在过去的5年里，新一代具有全新学术背景的文字设计师，一直在质疑过去的研究结果，尝试用开放思维和新的研究方法来处理这个问题。

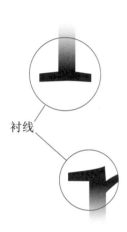

衬线

阅读：全都是大脑的事

如果你运气好，这一小段文字将向你展示阅读需要眼睛和大脑之间的复杂协作。试着数一数下面这段文本中字母 f 出现的频率：

finished files are the
result of years of scientific
study combined with the
experience of years.

测试！

你看到6个 f 了吗？这意味着你非常敏锐。很多人只找到4或5个，也是个好成绩。许多参加测试的人会漏掉3个 f，因为在他们眼里单词"of"就是一个不重要的载体。

我们究竟如何阅读？

学术界研究阅读这个物理过程已经超过了100年。19世纪末，法国的眼科医生和工程师路易·埃米尔·雅瓦尔（Louis Émile Javal）首次开发出一种测量阅读时眼部运动的方法。雅瓦尔的开创性研究仍然是现在的医生、心理学家和文字设计师去了解阅读时的基础。

跳跃式阅读

雅瓦尔发现，我们不是逐个字母来阅读的，而是一撮字母。眼睛在文本上扫视的过程中会有几次停顿，即所谓的固视（fixation）。这种处在运动中的观看方式，与500年前达·芬奇的发现相关：他发现，我们眼球的晶状体即使用足全部的视力也只能看清视野中的一小部分——除了清晰界定的中心以外，其他一切都是周边视力，即"边缘视觉"（fringe）。我们距离观看的物体越近，我们能聚焦的部分就越狭窄。因此，我们的眼睛一次只能记录几个字母。一组字母（未必恰好是一个完整的单词）一旦被辨认出来，眼睛就会跳到下一组：这被称为眼跳跃（saccade）。同时，大脑不仅处理眼睛提供的数据，并且还在我们内部的数据库里搜索与眼睛认为它所看到的相对应的单词。在某种程度上，大脑只是在电光火石的一瞥之后猜测那个单词或单词组，通常眼睛似乎会快速地跳回以核对这种猜测是否有效。

一些研究人员高度重视"silhouette"（轮廓）这个词：他们深信带有突出轮廓线的字母群会更易于识别。因此，他们认为大写字母（也就是没有小写字母）的文本读起来会更困难。很遗憾，其他的试验显示两者之间并没有显著的差异。不过，日常生活经验的事实是，一长段全部都是大写字母的文本并不讨喜。虽然这样的一段文本清晰可辨——无论是字母还是单词，均可识别出来，但文本的易读性，即阅读的舒适程度是有限的，会使读者打消开始或继续阅读的念头。

固视点

Around the fixation point only four to five letters are seen with 100% acuity.
Around the fixation point only four to five letters are seen with 100% acuity.

32%–35 %   45% 75%100%75% 45%   32%–35%

视力

↑ 阅读时视力的模拟试验。我们只有在用视网膜的中心部分，即视网膜的中央凹（fovea）（因此有了"中心视力，foveal vision"这一术语），观看东西时，才能看清具体的细节。在这一狭窄范围之外的一切都是模糊不清的。下面这一行文本模拟的是在一个固视点上的视力分布情况。虽然这行文本在视线中大部分模糊不清，但你并不会有看不清楚的印象。这是因为大脑假设上面的那行文本不是模糊的。换句话说，我们的知觉是一系列复杂修正的结果。

（上图中句子翻译：在固视点的周围用100%的视力仅能看到四五个字母。）

↓ 视线跳跃的形象化呈现，基于微软公司的易读性专家凯文·拉尔森（Kevin Larson）的《单词识别的科学》（The Science of Word Recognition）。注意眼睛有时会跳回去核实。

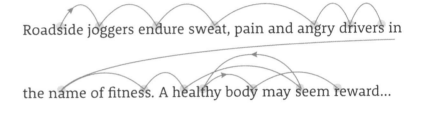

Roadside joggers endure sweat, pain and angry drivers in the name of fitness. A healthy body may seem reward...

the top half of the letters is most recognizable
the bottom half often leaves you guessing.

↑ 文字设计师和字体设计师在创作和使用字体时，需要考虑我们的拉丁字母有许多特性。举例来说，在小写字母中，多数字母的上半部分比下半部分更重要。

→ 一组设置为大写和小写字母的文本。小写字母被认为更加容易辨认，因为小写单词轮廓的个性化更强。

FABEL
PAREL
fabel
parel

→ 解剖字体　66
→ 无衬线字体和衬线字体　92～95
→ 视觉尺寸　96

文字设计和设计师的作用

任何人只要一开始书面交流，无论是一封电子邮件、一本书、一件包装，抑或完整的广告活动，就是在与成千上万的其他内容争取读者和观者的关注。信息过载已经把我们变成了急躁而草率的读者，哪怕是一封个人的电子邮件往往也只看个大概，杂志和网站更是随便扫扫，不会一字不漏地从头读到尾。

在浩若烟海的视觉信息中，聪明的设计有助于吸引、维持和引导注意力。在以前关于文字设计和平面设计的文章里，"安排"（arranging）这个词通常用于描述平面设计师所从事的工作。我喜欢用"筹划"（staging）这个词，因为比起提供恰当的位置，它有更多的设计意味。除开将元素在二维或三维空间中进行安置，设计师还需要处理第四维度：时间。读者的眼睛和大脑时而被邀请到这儿看看，时而被邀请到那儿读读，而一名优秀设计师的成功之处就在于能有效引导或操控读者的注意力。

设计师为文本提供一种"平淡的"形式，即所谓创作"隐形"排版，是种非常特殊的情况。平淡或隐形的排版对于讲述需要通读下来的线性故事的文本有用，比如小说或散文（→第18页）。在大部分其他情况下，阅读其实就是浏览——因此是一个扫描、搜索、选择、翻阅和漫游的过程。一个训练有素的设计师会竭尽全力来影响这个过程。文字设计本身——字母样式、尺寸、颜色，以及文本在页面的布置——常常有助于理解（或阐明）文本的含义。

术语

这些是在本书中用于表示设计行业的主要任务的术语及其简明定义：

- **平面设计（Graphic Design）**
是对在时空中的文字和图像进行筹划，以引导并维持读者的注意力。

- **文字设计（Typography）**
最初指的是使用金属活字或木活字西式活版印刷技术。这一术语在当今英语世界里最广泛的用途是描述平面设计中聚焦于文本和字体方面的创作。该词也可以用来描述特定文本的组织方式："本书的版式……"纯粹主义者倾向于用该词来针对由字体构成的文本，而使用lettering（绘制文字）来表示所有定制的文本。

- **字体设计（Type Design）**
是关于活字（printing types）或字体（fonts）的设计。在法语和西班牙语的诸多出版物里，文字设计（typography）和字体设计（type design）愉快地混淆在一起。不过在英语、德语和其他很多语言里，文字设计的意思仅是采用字体进行设计，而不是进行字体的设计。

- **文字设计师（Typographer）**
可以设计书籍、小册子、文具、展品或时刻表上的文本和其他许多东西，但是只有设计字体（fonts）的人才是字体设计师（type designer）。

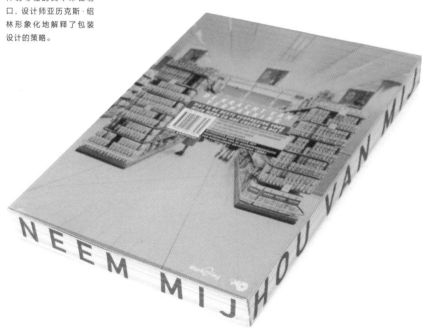

↓ 一本书并不只是页面的集合：它本身就是一个客体。如果客户乐意采取进一步的措施，设计师就能在三维空间上着手工作。旁边这本书是关于包装的交流能力。通过将诸如"带走我""爱我"这种诱导性的文本印在切口，设计师亚历克斯·绍林形象化地解释了包装设计的策略。

引导注意力

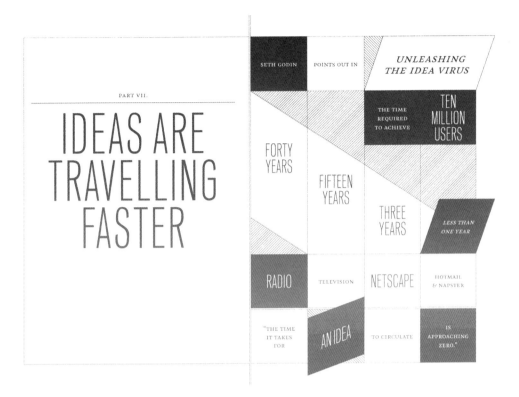

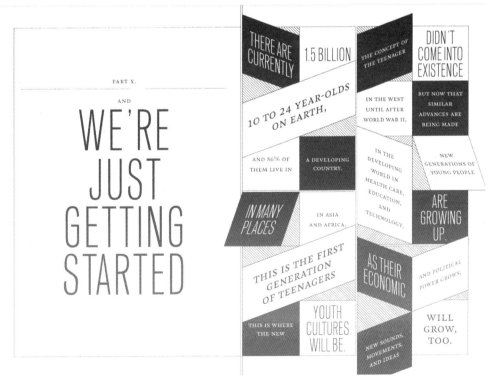

让阅读更不流畅

如果认为能被最容易、最迅速地读完的文本可以跟能被充分阅读并理解的文本画上等号,那将是一个错误。恰恰相反,有时候当阅读受阻于有意设置的障碍时,阅读的内容会受到更多重视。《艰难时代》(Hard Times)是伦敦的DJ(舞厅司仪)、制片人及作家马特·梅森(Matt Mason)写的关于新时代挑战的一篇文章。受到查尔斯·狄更斯(Charles Dickens)在1854年发表的同名小说的启发,这篇文章作为《我们讲述故事》(We Tell Stories)系列的一员发表在企鹅出版社的网站上。这份由纽约的尼古拉斯·佩尔顿(Nicholas Felton)创作的设计并不便于阅读,相反,设计者有意识地营造了阅读障碍。读者会减慢速度并变得更加专注。读者时不时地误入歧途,因而被迫重读某段信息。

→ 阅读的模式 16
→ 封面 26
→ 设计策略 139

视觉修辞

修辞（出自希腊语 rhetor，意为演说家）是一种有效交流的艺术。在古希腊和古罗马时代，哲学家和政治家为通过演说和文字来说服，甚至控制观者而发展出精湛的技巧。修辞就这样变成了一套使辩论条理分明、演示撩动人心的原则，历经千百年的发展，直到今天，这些原则依旧活跃在许多管理指南中。

在我们如今生活的时代，口头语和书面语的运用比过去更容易流失：即使在"知识分子"当中，对待口头语和书面语的使用问题也是漫不经心的。但是，我们在视觉层面上变得越来越机敏。我们能毫不费劲地跟上一部剪辑得很快的电影或电视节目的故事情节；年轻人看的漫画（或被称为"连环画小说"）在他们父母的眼中有如天书；我们几乎能立即了解一个网站或视频游戏是如何运作的；我们也能理解视觉的韵律，交叉引用和反语。

所以，像千百年来的演说家和作家那样有意识地锤炼语言，思考视觉的形式赋予问题是值得的。是什么因素在起作用？为什么会起作用，对象又是谁？什么因素可能会导致误解或意想不到的反应？什么是明晰易懂的，而它总是我们最想要的结果吗？这些问题及其他问题的答案构成了通过视觉资源来说服的技巧，即视觉修辞。

许多平面（文字）设计师都具备修辞的天赋，只是大多数设计师运用这种天赋时往往出于直觉。这也许有助于摆脱使用常见的模式来界定和解决问题，兼顾功能和审美。交流中最令人信服的设计往往出自那些不只是图片制作者的设计师之手——在某种程度上，这样的设计师也是作家、心理学家、社会学家、导演、哲学家或是政治家。

书籍的宣传

↑ 两则富有魅力的书籍广告案例。左边是经典的结构主义海报，由亚历山大·罗德钦科（Alexander Rodchenko）于1925年为莫斯科的Lenghiz书店设计。年轻的女士——女演员莉尔亚·布瑞克（Lilya Brik）在大声呼唤"书籍"（俄语为Knighi）。海报右边较小的文本意为"……在所有的知识领域里"。这些字母是手绘的，在那个时代很普遍。

右边的设计是比利时根特的格特·多尔曼（Gert Dooreman）的作品，安特卫普书展（Antwerp Book Fair）2006年版的广告。该书展每年一次，弗兰德斯的出版界借此向普通公众展示他们的成果。这个作品的字体跟罗德钦科设计的字母很相似：带有简单的几何结构的无衬线大写字母。但是在这两幅海报之间存在着天壤之别：罗德钦科用有引人注目的视觉工具（比如一幅充满活力的带有轮廓的照片，这种手法在当时几乎从未有过）来吸引观者；多尔曼则假设观看者是一个留心的、在视觉上受过教育的读者，并嵌入了一个版面谜题。在"BOEKENBEURS"这个词里面设置了一个问题：EN U？——"你呢？"那些理解了这个谜题的观者会觉得他们的诉求得到了解决。

目标群体：你

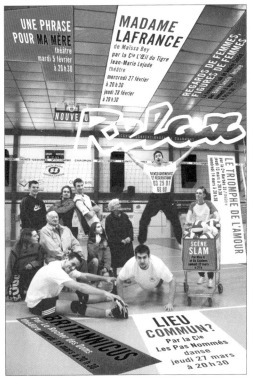

Relax 剧院

Le Nouveau Relax 是法国肖蒙市（Chaumont）的城市剧院，坐落在从前的电影院旧址上。该剧院的形象和海报由安妮特·楞次（Annette Lenz）和文森特·佩洛特（Vincent Perrottet）设计。在设计简报中，剧院的管理人员要求设计师避免任何精英主义的图像语言。楞次和佩洛特提出的一系列设计以该城市的摄影师拍摄的肖蒙市"普通"居民的照片为基础，辅以有趣的透视文本块，再用两种专色进行丝网印刷。剧院标志沿用了旧电影院的标牌。在肖蒙这样的小城市里，呈现有亲属、邻居或朋友的海报会迅速抓住过路人的注意力，因此该系列海报变得很受欢迎。"新休闲剧院同样为你而开"的信息广为人知，有助于提高剧院的知名度。

⬅ 设计师的作用　12
➡ 阅读的模式　16
➡ 概念和风格　140～142

阅读的模式

我们整天看东西：报纸、网站、广告、商业名片、短信、标志、街道名称、导向牌、罚款单等。我们还会看书。文本的尺寸可大可小，距离可近可远，可以是一个单词，也可以是一系列打印得密密麻麻的页面。自然，文本造型的方法不止一种，而是有许多不同的方法。一种有效或看起来不错的方法，并不适合所有类型的文本。那么，尝试将我们各种各样的阅读方式分门别类，即将阅读模式进行分类，是否会有所帮助呢？分类能帮助我们理解为什么某类文本会按这种方式来设计，而其他文本采用的方式则大相径庭。同时，它还有助于设计师做出选择。德国的文字设计师、教师汉斯·彼得·维尔贝格（Hans Peter Willberg）设法创造了这样的一种分类。他故意把自己限定在书籍设计中，不考虑诸多在书籍馆里找不到或非纸张印刷品（范围从广告、招牌、字幕、表格到药品信息宣传单）的文本形态。不过，他的阅读模式分类法为更多元化的观点提供了一个良好的开端，即为什么某一类作品用这种方式设计更好，而另一类作品却要采用其他的方式。下文中的维尔贝格体系，虽然不乏个人色彩，但可以为读者和设计师日常都会面对的多样化挑战提供一些见解。

在接下来的页面，我们将进一步检视为处理不同阅读模式所对应的文本造型的方法。

什么模式？体现在哪？　　　　　　　**如何处理？**

沉浸式阅读

沉浸式阅读又可称为线性阅读：文本需要以全神贯注的方式从头读到尾，每个后续段落、页面或章节都基于之前所发生的情况。这种阅读模式的典型例子是小说、散文或篇幅很长的杂志文章。

为了使读者能沉浸在文本中，该文本的设计不应分散注意力。字体应对读者有亲和力，但不至于将其注意力吸引到字体本身，这是一个先决条件。行宽和行距也一样重要。举例来说，如果读者的眼睛很难找到下一行的开头，那就是一个设计缺陷。

求知型阅读（选择性阅读）

如果是为增进知识或有目的的选择性阅读，读者通常不会从第1页开始，而是先略读文章并挑出感兴趣的片段。报纸和杂志是这种模式的好例子，许多绘本和教科书同样也设计为读者可以随时从有用的部分跳到另一个部分的模式。此时，读者的目的是迅速高效地收录信息。

求知型阅读要求文本条块清楚，层次分明。也就是说，这种设计可以区分文本中的不同等级。导航（navigation）是一个常见术语，用来称呼那些有助于这种设计的版面中的元素（字体、行、颜色、图标、副标题、方框的选择）。在应对求知型阅读的设计中，文字和图像的节奏可以建立起饶有趣味的视觉冲突。

咨询性阅读

字典是典型的咨询性阅读或参考型阅读的例子。这是一种非常具体的阅读方法：只查找你想了解更多的那一项条目。类似的情形也会表现在时刻表、文化名录和其他各种参考书中。当然，参考书的传统使用方式现在正逐渐被在线搜索功能所取代。

再一次强调，清晰的导航是至关重要的。在字典、时刻表及类似的东西里，惯例发挥了重要的作用，打破常规在这些地方意义甚微。例如，关键词和解释性文本之间的鲜明对比，以及节省空间（经济性）和可读性之间的审慎折中，才是设计师需要去认真处理的挑战。

	什么模式？体现在哪？	如何处理？
活跃型文字设计	这是一种吸引读者的注意力并激励读者阅读的策略。活跃型文字设计的首要目标是浏览。第二个目标是引发阅读。杂志就是活跃型文字设计的典型例子，特别是其标题、副标题、引言和重要引述等的运用。广告、书籍封面和包装也可以算作一种鼓励行动的文字设计。	在这种类型的文字设计里，可读性并非当务之急，首先要做的是穷尽一切可用的视觉手段来诱导观者。几乎没有任何关于这种类型的规则或诀窍，设计师们也许能拥有极大的自由。因此，更多的独创性也被寄托在他们身上。活跃型文字设计通常以团队的形式完成，与设计师合作的包括作家、编辑及（或）营销专家。
呈现型文字设计	正如前面指出的，任何文字设计作品的存在都是为文本提供向其观众传达信息的舞台。但是，我们依旧保留着"呈现型文字设计"这个术语，表示那些以戏剧化的手段、视觉技巧和特效达成目的的文字设计案例。令人印象最深刻的呈现型文字设计都发生在书籍世界之外的领域：广告、电影片头、公共空间的绘制文字等。	呈现型文字设计几乎没有任何规则或限制，只有天空才是界限。这未必意味着此类文字设计总是显得耸人听闻或花枝招展——参阅下面杰拉德·因赫尔的作品。这更不意味着文字设计的功能无关紧要。有时候，引人注目且卓尔不群的文字设计反而能比那些更易预见的审慎解决方案更好地表现某些功能。
信息型文字设计	设计糟糕的警告牌或指示牌可能是致命的，或者导致失去联系或出现管理问题。这种状况屡见不鲜。在充满风险和规则的复杂社会中，提供良好的信息设计对于政府和服务公司来讲，应是最起码的礼节。	信息设计远非其他任何一种文字设计可比，这是专业人士的工作。考虑到令人费解而又混乱不堪的形式、招牌、导向系统、时刻表和药品传单的数量，对感兴趣专门从事这一行的设计师来讲，他们还得下长年累月的功夫才行。

← 呈现型文字设计：字体设计师杰拉德·因赫尔和建筑师安倍·博纳玛（Abe Bonnema）合作，为鹿特丹港市的一幢同名建筑创造了称为"Delftse Poort"（Delft Gate）的字母系统。这款字体将一定的戏剧性与严肃性和冷静糅为一体，非常适用于声名显赫的办公建筑。

↑ 适用于咨询型阅读的文字设计：马克·汤姆森（Mark Thomson）为柯林斯字典出版社所做的设计，通过稀疏（但不是至简）的手段达成最大限度的层次感。

← 设计师的作用　12
→ 文字设计的模式　18～35
→ 组织和策划　37

一连串想法：沉浸于文本中

几百年以来，书籍的基本设计一直保持不变。一般的小说或散文集和15世纪晚期在威尼斯或16世纪早期在巴黎印刷的书本比起来没什么区别。

文学作品并不适用于稀奇古怪的形式。在小说或散文中——古怪的插图小说除外——语言包揽了所有的差事。文本是一连串以线性结构组成的想法，需要从头读到尾。仅仅通过字母、词语和句子，就虚构出一个完全不同的世界。读者应邀深潜于文本中，这就是被称为沉浸式阅读的原因。这种文字设计的至高境界就是字体与版面都不会引人关注，足以实现"隐形"的理想状态。

文字设计在许多媒介中发挥着核心作用，而文学作品只是其中的一种。由于文学作品有着悠久的传统和崇高的声望，它长期以来决定着有关文字设计和文本设计方面的话语权。但是，线性的文学性文本的造型标准并不一定适用于其他的阅读方式。

← 书籍作为一连串想法的表现形式，可以追溯至15世纪的意大利。这本于1495～1496年由Aldus Manutius承印，卡迪纳尔·彼得罗·本博（Cardinal Pietro Bembo）撰写的《埃特纳火山游记》（De Aetna），与现今出品的平装文学作品并无明显区别。这款具有500年历史的字体仍有重大意义：这款由弗朗西斯科·格里弗（Francesco Griffo）为阿尔杜斯雕刻的活字，是诞生于1929年的Bembo字体的原型，后者在今天的数字化文字设计中依旧得以一展身手。

需要："隐形"的文字设计。比阿特丽斯·沃德的文化遗产

《透明高脚杯，印刷应该隐形》（The Crystal Goblet, or Printing Should Be Invisible）是美国文字设计历史学家比阿特丽斯·沃德（Beatrice Warde）于1930年在英国文字设计师行会（British Typographers Guild）上发表的一场讲座的题目。她辩称，屈从于内容，即文本的文字设计，就是最佳的文字设计。她以透明高脚杯来做比喻。她说，真正的葡萄酒鉴赏家对一只装饰漂亮的酒杯兴趣寥寥：好酒无须点缀，一只精致的无色玻璃杯足以使其表现得熠熠生辉。好的文字设计就和一只好的酒杯一样，平淡透明，而唐突的文字设计只会妨碍阅读和理解。

对许多书籍设计师而言，沃德的"隐形"设计理念仍然是一种指导原则。但是，她的辩解仅适用于沉浸式阅读。在其他许多阅读模式中，多样化的文字设计实际上有助于阅读。此外，"平淡"的概念可以用迥然不同的方式来解释。对沃德而言，像Bembo这样的字体足够平淡，而现代主义者则偏爱工业化的无衬线字体的"客观性"。所谓平淡，同样无外乎个人的审美观。

呈现故事

叙事的文字设计

这本小册子由法国文字设计师法奈特·梅利耶（Fanette Mellier）设计，它处理正文文本的方式非常特别。文本看起来像是神经病发作，歇斯底里的字体和颜色反映出故事的氛围和情感。为达到这个目的，所有的文本被转换为位图，并经过 Photoshop 的处理。梅利耶的这部《混蛋的战斗》（*Bastard Battle*）的主人公叫席琳·米娜德，是她为肖蒙市正在举办的系列平面项目而创作的一系列志怪小说中的一部。

→ 书籍设计的原则　44
→ 文艺复兴人文体　80
→ 文字设计技术　160

导航：引导读者

我们已经看到，为了帮助读者沉浸于文本中，书籍的文字设计是如何试图让自身隐形的。对选择性阅读这种模式而言，情况恰恰相反：不仅要突显文字设计，还要能帮助读者略读文本，这样才能成为有用的文字设计。就像"选择性"这个术语所表明的那样，选读的读者并不会阅读所有内容。打算从教科书、杂志或网站的丰富信息中迅速取舍的读者，会得益于清晰的导航。设计师和编辑可利用大量的资源来为读者提供便利。除了语言和字体之外，这些资源还包括图像、线条、不同形状中的颜色、图标等。还有，不要忘了"页面中的空白"。明智地使用空白是迈向清晰的第一步。

对比与节奏

为选择型阅读而设计的文本有其特殊的构造。对比、节奏和层次结构是其关键词。我们从后者开始谈起：清晰的层次结构能在实际的阅读发生之前，就告诉读者最重要的信息所在。它必须让读者看了第一眼就知道用来导引版面的方法。读者无须搜索，照样能找到标题、提要、小结、引言和说明文字。

对比是一种重要的工具，可能发生的场景数不胜数——不同字体之间、粗细文本之间、大小之间、平静和繁杂之间、空白和占满之间，比比皆是。颜色（包括白色、黑色和深浅不一的灰色）是建立对比的手段。通过精心运用对比和层次结构原则，设计师得以建立的页面会呈现出和谐而自然的视觉节奏：使引人注目的片段和较少为人所关注的片段之间的交替显得更流畅，即多样性中的统一。

需要："与众不同"的文字设计。关于通过选择字体——细体和粗体、衬线和无衬线、大字号和小字号等——来实现对比和关联有不少的秘诀。多样化当然好，但是要避免你的页面变成一锅粥（除非大杂烩就是你想要的结果），有些限制仍然是可取的。比如，在标题中采用的粗体无衬线字体也沿用到了文本框和引言中，只是采用的字号较小。如果这一切听起来都显得稀松平常，那么就需要释放你的想象力了。

→ 来自越南的Typejockeys工作室是一个同时从事平面设计和字体设计的3人组。为了炫耀他们富有想象力的风格（这肯定比许多讲德语国家里的设计公司所青睐的那种严肃的简约主义显得随性），以及他们的字体设计能力，他们在网页上的导航里应用了许多不同的字体。

组织信息

芝加哥的读者：一目了然

《芝加哥读者》(*The Chicago Reader*)周刊是这座风城中广受欢迎的另类周刊，在Jardí+Utensil设计事务所[由美国设计师马库斯·维拉（Marcus Villaça）和来自巴塞罗那的昂里克·雅尔迪（Enric Jardí）合办的]对其进行改造之前，它的版面多少有点儿不协调。他们重新设计的方案使该杂志更加简洁和整齐。主要的介入措施包括使层次结构更清晰、改进导航，其实也就是在版面上划分网格，并提升文字对比。

← 设计师的作用 12
→ 正文字体和展示字体 58
→ 微调标题字 123

筹划读者的体验

浏览和阅读绘本、杂志或手册（或模仿这些媒质的网站），是一种让大脑在不同层次工作的活动。文本具有不同的密度。有时候文本鼓励读者深入数个页面进行沉浸式阅读；在其他的地方则读者选择需要先行检阅的内容。在某些地方，文本可能会与照片或插图互动；在其他地方则要求关注行文本身。有时候图像会讲述自身的故事，独立于文本之外。文本是否能以容易理解的意象成功夺得注意力，相当考验设计的水准。更具体地说，是一个有关场景好坏的问题。在出版物的跨页上讲述的故事如同一折慢慢展开的小剧。跟电影或戏剧导演运用脚本或剧本来创造包含图像、人类情感和运动的多元感官体验一样，平面设计师利用视觉手段让读者在与出版物互动的过程中纠葛其中，尽享欢愉。虽然书、杂志或手册只是静态的事物——很多网站也一样——但体验本身是动态的且有时效性。设计师创作的并非简单的跨页或数个页面，他（或她）制作的是贯穿整本出版物甚至是一系列出版物的内容，并且非常可

需要：文字设计的场景。设计师也许要和作者或编辑合作（如果没有也不是什么大问题）来确定什么时候应该采用哪种方法。哪里的版面需要嘶声呐喊，哪里应该呢喃细语？什么时候由语言起主导作用，而图像、形状和颜色又要在哪里得到伸张？安排的版面——应大还是应小，应嘈杂还是应安静——能够讲述被赋予的故事片段吗？

   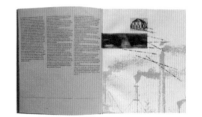

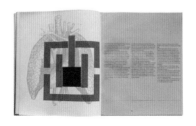  

能是一系列连绵不绝的互动。

　　所以如果内容不单是纯粹的文本，如果它混合了不同的版面层次和不同类型的图像表达，设计师的任务就是创作及时有趣的体验，而做到这一点的方法是制造不安和惊喜。这种方式与制作优秀的电影、戏剧甚至音乐作品的过程相比只是异曲同工。形成对比，改变速度，调整密度，建立贯穿整部出版物的稳定节奏，或者干脆让这个节奏戛然而止。好的设计师需要具备戏剧感。

1958年设计的格拉索百年纪念册

在第二次世界大战之后的几十年里，一种称为"公司影集"的新型出版物记载并展现了欧洲经济回升的过程。在荷兰及其他地方，这种风格成为顶级设计师和摄影师的实验品，他们有大笔的预算来大显身手。虽然文笔精彩，但文本通常都被管理人员所把持，因而成为书中最索然无味的部分。于是，设计师找到充分的托词来为他们一成不变地处理图像、创作缺乏灵性的视觉场景进行开脱。1958年为格拉索机械厂（Grasso Machine Works）设计的《百年格拉索》（100 jaar Grasso），是一个不错的个案。本书由设计师本诺·维辛（Benno Wissing）构思，通过灵活地运用网格，构成了生机盎然、不断变化的版面。

后来，维姆·克劳威尔（Wim Crouwel）及其他人共同创办了全方位设计公司（Total Design），成为该公司中醉心于系统化运用网格的捍卫者。

 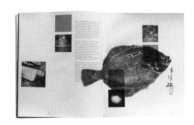 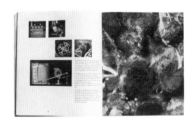

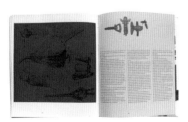   

用字体来诱导：包装

我们生活在一个商业社会里，因此文字设计往往用于销售商品，或者说是某种形式的"活跃型"文字设计。这本身对设计师来说是个好消息：当客户知道制作精良的设计产品有销路时，他们更有可能为此提供预算经费。这对消费者来说也不一定是坏消息。诚然，泛滥的标志、广告和包装已经激不起我们半点儿兴趣，要知道在产品上打上商标的做法还不到150年。但是，即使给产品打上商标的背后是纯粹的商业原因，这其中许多商标现在已被视为是有价值的遗产——并且其本身存在就是一种美。

不幸的是，从产品开发到面世上架的过程中总有些会出错的地方，营销部门就是其中之一。营销任务之一就是在产品面世时协调产品与消费者的诉求，从而减少随意性和偶然性。

但是营销和设计一样，在某种程度上属于一种本能感知（亦称为直觉），这为混沌不清的局势增加了非理性因素。如果营销人员接受过排除这种随性想法的培训，通常会出于保险的考虑，倾向于将他们的需求转化为对公式化解决方案的偏好，复制过去成功的办法——结果就是令人麻木的千篇一律。在包装设计中，这种做法导致堆满货架的包包袋袋上都画着产品图片，印着外形相似、看起来"亲切"而有"人情味"的手写字体。这本身没有错，但一次又一次地证明，看起来特别的产品会吸引更多的关注，能更有效地沟通。换句话说，用字体来诱导跟用言语和姿势来诱导没什么两样：勇于变得不同是值得的。

需要：诱导性文字设计。诱导没有秘诀。任何东西都可以吸引注意力，赢得路人或消费者的青睐。人性因素很重要，手写体被视为可以与消费者的内心进行交谈。如果一定要说有什么的话，那就是打破一切清规戒律，抛弃所有陈词滥调。个性化的处理较之标准化解决方案，总是要胜出一筹。

↙ 非正规的手写体因其具有"人情味"和手工制作的特色，受到包装设计师的高度青睐。这两款设计出自布宜诺斯艾利斯的Sudtipos字体事务所，后者专精包装中的手写体。

→ 托马斯·莱纳（Thomas Lehner）和克里斯汀·格特什在为Rezept-Destillate这个小品牌白酒设计的作品中采用了非常规的手段：化学元素风格的包装，配以专门定制的字体。

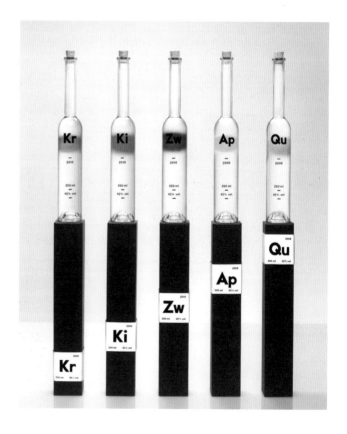

极致的巧克力品牌推广

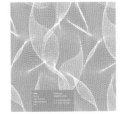

TCHO 是一款来自旧金山市的新兴巧克力品牌，伊登斯毕克曼（Edenspiekermann）的柏林事务所为其开发了视觉识别系统和包装。这些平面设计只是这个复杂的品牌概念中的一部分。TCHO 的策略是典型的品牌叙事法，即通过编织精彩的故事来创建强大的品牌。这种方法近来颇受生意人的追捧。

在 TCHO 这个案例里，它的故事是关于产品本身的——这个产品的特殊性足以使其在形象建设策略中发挥核心作用。TCHO 公司采用有机可可原粉来制作巧克力，即使在美国不以预制巧克力为原料的生产商也是屈指可数。TCHO 公司的政策——从与可可豆种植农的接触方式到人力资源政策——是履行社会承诺，致力于可持续发展，但是他们的方法很务实且精尖——该公司的创始人之一是一位前航空工程师，从事过航天飞机项目。

它的企业形象涵盖了所有印刷品，从宣传资料袋到传单，还有广告、海报、会议陈述，以及整合有线上商铺的 TCHO.COM 网站。从线上和线下设计到标志、色彩方案、文字设计一直到包装，方方面面都有统一的设计方法。包装设计将该产品定位为一种提供给现代时尚的，而不是怀旧的消费者的美味。在正式推出之前还经历了一个测试阶段，当时它使用手工印制的牛皮纸包装来测试市场反应。

TCHO 的标志是基于现有的工业化字形（letterform）手绘而成；设计师选择了埃里克·斯毕克曼（Erik Spiekermann）设计的 FF Unit 作为企业的字体。2009 年，TCHO 的包装设计赢得了巧克力学院金奖（Academy of Chocolate Gold Award）和欧洲设计奖（European Design Award）的金奖。

← 视觉修辞 14
→ 字体还是绘制文字？ 104
→ 标志策略 146

用字体来诱导：封面

书籍的封面也是一种包装形式。无论在大街上的书店还是在网上，我们购物时的耐心愈加不足，做出决定时也更冲动。因此，醒目或明显的封面是争取关注的重要武器。

在过去的10年里，一些欧洲国家在关于文学作品的书应该是什么样子方面达成共识。在陆续出版的小说和短篇故事集中，土褐色的封面上摆着一幅照片，书名和作者名采用一种白色或奶油色的经典雅致的字体，还通常置于居中位置：这种令人昏昏欲睡的雷同比例极其惊人。

尽管主要来自英国和美国的设计力量已经开始改变这一状况，但在经济困难时期，出版商仍然倾向于做出他们认为"安全"的选择——哪怕诸多迹象业已表明，冒点儿风险来委托制作书籍封面可能真的是笔不错的投资。

盎格鲁-撒克逊地区的出版界在经济危机中所遭受的打击正和其他地方一样严重，要求规避风险的抱怨当然也不绝于耳。但是，那里的情况仍然迥异于大多数欧洲国家所发生的情况。英美的书籍封面设计似乎更能容忍富于个人色彩的解决方案——即使看起来颇有哗众取宠、东拼西凑、嘲讽挖苦、漫不经心之嫌。

那么在选择字体方面呢？它应服从于整体效果或概念——在某种程度上，这是一种功能性考量。在北美或大不列颠，争取货架空间的情况甚至比欧洲大陆更严重。吸引注意力并加以诱导是设计的主要任务。采用的绘制文字可能是某种字体，或是即兴手写的或精心绘制的东西，关键在于设计作品的统一性和整体冲击力。套用伍迪·艾伦的一部电影名就是："怎样都行"（*Whatever works*）。

需要：冒险的文字设计。如果大家都用相同的方式来写书，那大部分读者很快就会失去兴致。文学就是关于变化与探索。无论书店开设在大街上还是互联网上，翻阅书籍应该充满惊喜——不应是通常的"老样子"的乏味重复。敢于与众不同的书籍封面，往往会非常成功。

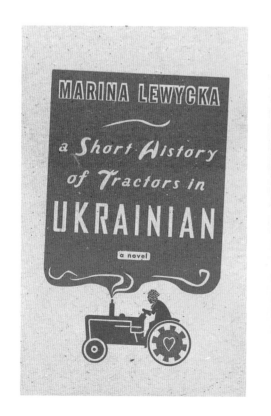

← 英国设计师乔纳森·格雷（Jonathan Gray，又名Gray 318）为两部畅销书创作的封面。两款设计都在国际上获得成功：世界各地的出版商在相应的译本封面上只做了些许改动或直接照搬。

凭设计成功

伟大思想

2004年,企鹅出版社推出了"伟大思想"(Great Ideas)丛书,集合了哲学和纯文学的经典之作,包装成口袋大小的平装本。除了价格实惠(在英国最初是3.99英镑)之外,这套丛书最突出的方面就是设计了。

这套丛书的设计稿由伦敦的中央圣马丁学院(Central Saint Martin)的应届毕业生大卫·皮尔森(David Pearson)构思,并得到企鹅出版社艺术总监吉姆·斯托达特(Jim Stoddart)的合作,赢得了"光彩夺目""惊心动魄"的赞语。该丛书分为5个批次,每一批次的印刷采用黑色和单色专色,用素纹压凹(blind debossing)产生凸版印刷的效果。绘制文字和装饰则反映了每辑文章的时代和精神。

"伟大思想"丛书赢得了许多设计奖项,销售量达数百万。关于它的商业感染力,皮尔森谈道:"有次有人告诉我销售团队的一位成员假称他的手提电脑坏了,这样他就可以把校样放到书商的手里,而不是像往常那样在电脑屏幕上展示。他坚称这样做的效果非常明显。另外,因为书名以前早已广为人知,所以我们很容易在销售额上留下新纪录。以乔治·奥威尔(George Orwell)的《我为什么写作》(Why I Write)为例,销售额从几千本一下子跳到20万本。"

↑ → "伟大思想"丛书的基本概念一完成,皮尔森就邀请了一群同事来设计各个封面。艾略特(Eliot)作品的封面由凯瑟琳·狄克逊(Catherine Dixon)设计,奥威尔作品的封面由皮尔森设计。其他参与的设计师还有菲尔·贝恩斯(Phil Baines)和阿利斯泰尔·哈尔(Alistair Hall)。

企业形象，企业设计

今天几乎每个组织都有其标志，如地方政府、理发店、医生诊所等。标志的流行引发了一种假设，即认为标志与企业形象或多或少是同一码事。在"Web 2.0"时代，这种认知导致的后果只会使人心烦意乱。认为只要换一下标志就可以获得新的视觉识别形象的组织不仅是小型机构，一些大得惊人的机构亦作如是想，而且通过专门的网站或自行组织的竞赛以"众筹"方式去更换企业形象的企业越来越多。500个免费创意，而获胜者用几百块钱就能打发掉……

那么，唯一能派上用场的东西就只有万能的标志了。它不仅要像网站上的GIF图片那样漂亮，而且在彩色或单色胶印时也要很好看，即使缩放到极致，依旧完美无瑕；它要既能绘制在巨大的横幅上，也能拆解放在栅栏上。在某些情况下，它还必须能放到黑暗或繁杂的背景中，那么还得有一个白色的版本。如此看来，这活计可能还真就得专业人士来干才行。

企业形象（CI）的运作

但是，即使正常运行的标志也不是企业形象的商标。为了建立看得到、认得出的视觉形象，为了使组织不至于泯然众人矣，设计师会在企业形象这个混合体中添加更多元素：色板、定制的形状（荷兰警队的红蓝相间条纹是一个典型的例子）、保持图文混排一致性的规则，可能还有定制的字体（→第148页）。

企业形象设计完成后就要落实，深入组织日常事务的方方面面。在大公司，这可能是个艰巨的任务。在许多国家，有专门的公司——标识执行咨询公司——来处理这一方面的项目交付。因此，运作企业形象显然价格不菲。但是，如果这些运作经过了深思熟虑，它们能在多方面起作用：不仅是帮助组织打破现今视觉信息超载的混乱局面，还可以更有效地利用资源，从而节省资金。

设计流程

以前的企业形象是静态的。每一个细节都预先设计好，然后打印出来，拿个超大的活页夹装订起来——品牌推广指南就做好了！此后，如果设计师受雇设计的产品是企业设计的组成部分（如小册子、钢笔、卡车车篷），他们就得照着这本书的规则来做。

今天，组织的大部分交流产生自内部。经理和秘书偶尔也会化身为设计师，设计报告、业务通信，甚至是信纸的版面，然后用激光打印机打印出来。最终产品可能也就是一个内网页面或一份PowerPoint演示文稿。由于有如此多非专业创意的加入，在设计师们面前逐渐出现了一项特定的任务。通常他们设计的并不是一件制成品，而是一套规则。因为应用这些规则的人对设计认知寥寥，所以它们应用巧妙的形式来呈现。数字化模板必须使正确的设计变得简单明了。用专门从事这种项目的荷兰设计师和电脑科学家皮特·范·布劳克兰德（Petr van Blokland）的话来说："我们必须让大家很难做错一件事。"

↑ 登贝工作室（Studio Dumbar）在20世纪90年代为荷兰警察局设计的形象识别，包括了一个标志，但是最突出、最被大家所称道的元素是车上的红蓝条纹。这个简单的装备有助于提高警察在街道上的识别度；警察在人们印象中的存在有所增加（这被认为是好事），尽管事实并非如此。

需要：远不止是文字设计。开发企业形象时，文字设计决策往往退居许多其他不同层面的决策之后。恰恰是因为文字设计将被嵌入更大的整体中，并成为该组织形象的组成，所以需要特别留意。字体的技术是否灵活并适合国际使用？是否考虑过为组织中所有的计算机购买集体许可证的成本？如果客户规模巨大，设计事务所可能会提请设计定制字体家族，以节省授权成本。

数字化生活方式的识别

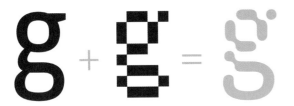

拥有超过25家商店的Gravis公司是德国最大的苹果公司产品零售商,同时还销售许多其他厂商的数字产品。这既是优点,又是缺点。苹果品牌保证了宣传力度和越来越多的忠实买家,但格拉维公司如何凭借自身力量维护其本身作为一个独立的零售品牌呢?

由苏珊娜·杜尔金斯(Susanna Dulkinys)指导的联合设计师公司(United Designers)的设计团队(现在是伊登斯毕克曼设计机构的柏林事务所)开发了一套以"数字化生活方式"为主题的形象系统。沟通理念和设计都很灵活和简单。它要吸引顾客,无论他们碰巧是站着还是坐着——当然,大多数要么是在店里,要么是在线上。"品牌体验"包括新的标志、配色方案、文字设计与布局的概念,以及单独用于象形符号和强调文本的字体。杜尔金斯基于企业标志设计了一款定制的字体——它别出心裁地在像素字体中混以清晰的文本外观。

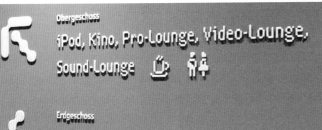

→ 信息设计　30
→ 标志策略　146
→ 企业字体　148

信息设计，为您效劳

早在基于语言的书写体系发明之前，人类通过图形来共享知识和情报——信息设计的早期形式。古苏美尔人在陶土信封里编上记号代表货物清单。洞穴壁画可以被视为形象化的信息。不管语言是否相通，图本早就有过交换。

现在情况不同了。即便是喊出"信息时代"的预言家们也几乎想象不到今天内容过载的情形，尤其是这些内容每时每刻都在更新。我们比以前在解释和处理信息上更富经验，但是街上、建筑物上和屏幕上的信息太多，所以我们极少有耐心，并且注意力的持续时间越来越短。我们需要帮助以劈开信息的谜团，并滤出对我们很重要的信息。精妙的形象化手段——借助于精心设计的文本、结构图或是图像——将成为解决方案的一部分。

软件生产商想让我们相信，他们能帮助我们以信息生产者和传播者的身份，有效地将内容形象化。诸如PowerPoint、Word和Visio这些微软公司的程序都带有制作柱状图、曲线图和流程图的功能，使人们产生错觉，以为可以随意使用专业的信息设计工具。结果往往与这些工具的目的背道而驰：人们将简单的想法或直白的数据转换成图表，这根本没有提高效率，反而变得多余又混乱。

分支学科

信息设计是一门专业性很强的学科，几乎不允许单凭直觉行事。信息设计可以定义为"使信息形象化的艺术，以使更多人更方便、更轻松地获取和理解信息"。它不同于平面设计的其他方面的地方在于，它对那些制作它的人的要求远远超过设计师（虽然有些人可能声称所有优秀的设计师都是天生的信息设计师）。用卡耐基·梅隆设计学院（Carnegie Mellon School of Design）院长特里·欧文（Terry Irwin）的话来说："信息设计师是非常特别的人群，他们必须具备一名设计师的所有技能和天赋；他们要把科学家或数学家的严谨和解决问题的能力结合到身上；并将一名学者所具有的好奇心、研究技巧和毅力带到他们的工作中。"

文字设计与信息

信息设计师曾经被认为应该能够"理解那些像是无法理解的东西"。能够有效表述信息的文字设计总是要比用户先行一步，有时候必须诱惑大家去阅读那些他们根本不打算看的地方。因此，富于视觉冲击力的解决方案当然大有可为。

大多数的信息设计作品都混合了不同的形象化手段，语言往往显得不如象形图或结构图重要。然而，文本造型仍是至关重要的。为了与其他层次的形象化形式相配合，既不要主宰其他形式，也不反过来为其所压制，文字设计应当深思熟虑，并尽可能选一些未来的用户先试着用用。

良好的文字设计完全攸关生死，这在道路标识和医疗信息传单等方面可以找到不少例证。这一类的指示不需要标新立异。它们最重要的应该是能够被理解，并预判到人类知识的缺陷。

需要：有共鸣的文字设计。

信息设计不是一个不可分割的领域：它有很多需要特定技能的学科分支。以下列举的是其中的某些主要手段（有可能同时发生在同一件设计作品中）：

- 地图
- 日历、时间轴、时刻表
- 形象化的统计表：曲线图和柱状图
- 导视和标识系统
- 界面设计
- 技术说明和图表
- 教程和说明书
- 表格与信息调查邮件

应用科学的地方

奥斯纳布吕克应用科学大学的标识系统

Büro Uebele 事务所是位于德国斯图加特市的一家设计机构，它为奥斯纳布吕克应用科学大学（Osnabrück University of Applied Sciences）开发了一个壮观但实用的指示系统。该设计公司的通信稿描述道："充满黑色字母和数字的天空，点缀着红色的云彩。文字像星星一样引路，引导访客流连其间。天花板是苍穹，散落着文字，混凝土墙面则没有装饰。当人们朝前看时，他们自然会找到引导他们通过建筑物的重复信息——文本很大，足以在瞬间理解，因此任何人都没有站不稳的危险。空间为逢迎使用者而设。地板和墙壁上的纯粹简朴逐渐演变成顶端星空里的壮丽高潮，人们将能辨认出那些图像构成星座图案：仙后座、小熊座、双子座、仙女座。"这个项目赢得了无数奖项，包括红点至尊奖（Red Dot 'Best of the Best' Award）、东京字体指导俱乐部奖（an award of the Tokyo Type Directors Club），以及约瑟夫装帧奖（Joseph Binder Awards）的金奖。

照片版权属于安德里斯·克尔纳（Andreas Körner）

← 引导注意力 13
→ 文字设计营造环境 149
→ 空间的错觉 152

为网页做设计

每一种处于初生阶段的新媒介都会模仿旧有的媒介,只有历经一段时间之后才能找到自己的表达方式。正如最早的报纸类似于一本书一样,大多数20世纪90年代的网站尽是些手册的数字化版本。"Web 2.0"这一术语通常用来表示网页设计的一个新阶段,该阶段展现出网络超越传统印刷的根本性变革:交互性、即时性、协作和数据库驱动的内容。

互联网动力学

在网页设计中进行取舍时,网站的功能性——你的葫芦里卖的到底是什么药——起着决定性的作用。那些对有印刷设计背景的设计师来说显而易见的某些视觉解决方案,根本无法在充分利用现代网页的所有交互和动态特性的网站上实现。

例如,许多网站对宽度的处理相当灵活,允许按照屏幕大小缩放页面。在垂直方向上,页面的"深度"或长度几乎是无限的,尤其是对需要安排评论功能的页面来讲更是如此。正如Typekit公司的创意总监杰森·圣·玛丽亚(Jason Santa Maria)所指出的,适合于均衡设计的传统规则——诸如黄金比例和三分法(这两者将在下一章详细论述),对一个重视动态变化的设计师来讲,用处不大。我们无法预测用户看到的页面的精确尺寸,因此也就不存在视觉上理想或完美的方式来填补页面。

其他方面的情况也一样,网站的形式和内容常常会发生变化。尤其是商业网页正越来越多地被实时编辑。这种网页由数据库驱动并与用户行为互动,每一次访问都使用cookies技术记录下来。挑选的文章及其顺序可以变化,本地化广告可能会增多等,不一而足。于是,网页设计师通常不创建现成的页面,而是一套可能性的方案。

新准则与旧准则

那么为网页做设计的设计师,应该遗忘一切他(或她)所了解的印刷设计吗?既应该又不应该。尽管网页设计的规则在许多方面变得迥然不同,但经典及现代的平面(文字)设计的基本原则并没有变得一文不值。那些早已得到验证的美化版面和文字设计的指导准则依旧切中肯綮,但要精明地加以应用来适应新的环境。例如,开发于20世纪50年代的排版网格,非常适合在网页上创建秩序;但由于网页上是动态的内容以及可伸缩的窗口,所以网格必须被从里到外重新思考。更多关于这方面的信息参见第52页。

↓ 网页不必垂直滚动,垂直滚动不过是个老套路。这份新加坡的在线杂志[设计师:麦克斯·汉考克(Max Hancock)]反而沿水平方向滚动,感觉更像是在阅读摊开的杂志;而且还挑选了一个匹配大多数用户的宽屏显示器屏幕高宽比。

需要:美学与实用性的融合。设计网页,必须找到一个介于把控页面外观和网页特有功能这两者之间的立场。

静态文本和动态文本

许多设计师都希望能像在印刷品中那样精准控制网页版式，这一点是可以理解的。令人惊讶的是，通常他们总想走捷径，把文本，甚至是正文文本，直接转换为图像文件（GIF或JPEG格式），或为了加强刺激将其嵌入Flash影片。这种做法看似提供了大量的控制，但存在一些缺点。像谷歌这样的搜索引擎会抓取网页并将抓取结果按语言分门别类。要获致良好的搜索结果，应突出地提及网页上合适的词或名（称）——只能是文本，而不是图像。

当然还有其他的因素。用户可能想要复制文本片段。文本必须是可缩放的（Flash中的文本通常不是），否则在智能手机这种高分辨率显示屏上阅读时，文本难以被辨认。此外，静态、不可变的、栅格化的文本没有为新数据的输入留有余地。每次数据更新时，网页设计师都必须把新的文本转换为新的GIF和JPEG图像文件。最后，将文本转换为图像的话，文本就无法通过特殊的软件插件朗读出来。

简而言之，所有的迹象表明，网页版式的未来不会取决于Flash影像或"漂亮"的文本图片，而在于使用真实字体的真正的版式。网页版式设计之深奥，已经促使设计师去探索层叠样式表（CSS）和经过小字号低解析度屏幕显示优化的网页字体显示效果的可能性。尽管这要求网页设计师或开发人员不再使用"所见即所得"的编辑器，并为代码所困扰，但回报也会让你感到一切都是值得的——网页字体时时都在向前发展，用途也日趋广泛。请参阅关于屏幕文字设计和网页字体的页面（→第108～111页）。

→ Kitchen Sink Studios是一家位于亚利桑那州凤凰城的网页设计公司，它的网页上的版式风格令人眼花缭乱，但无一不是以真实的、可供检索的、对屏幕用户友好的文本加以呈现，并且预计到用户观看时使用的设备和浏览器名目繁多，网页全部使用HTML5和CSS3来创建。右边显示的是一个长滚动页面的顶部和底部两部分。

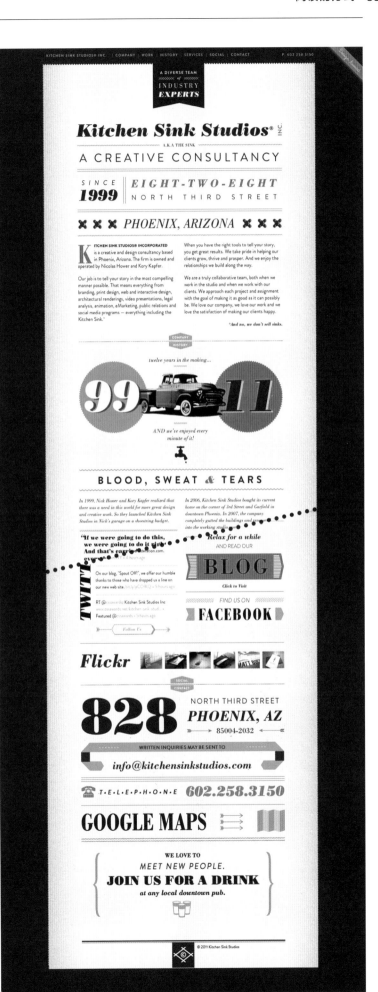

为艺术而艺术：给文字设计爱好者的产品

过去平面设计爱好者会在墙上挂些什么东西？也许他们抚摸的是一两张20世纪30年代或60年代的复古海报，也可能会展示某个朋友的作品。几乎一成不变的是，这些原本只是为客户设计的作品，而现在作为伪艺术品迎来了第二春。具有一定地位的设计师很少会用平面设计来装饰他们的墙面：他们更喜欢绘画和艺术印刷品。

过去的几年里已经看到一种全新产品的诞生。凭借网络，这种产品可以迅速找到早已迫不及待的买家。设计师们制作了那些自主创作的图形作品，从海报、日历、T恤到其他杂七杂八的东西，并且一个劲儿地像处理印刷商品一样推销出去。为摇滚音乐会制作的海报，不再是主办方指派的任务，而只是为了在线上和画廊里出售。许多这一类印刷品（在某种程度上）是使用诸如丝印和凸印之类的技术制作的（→第157页）。

喜爱印刷商品的公众数量近年来似乎快速增长。字体迷们通过他们的社交网络敏感地关注着新产品。设计师会更容易找到他们的小众市场，只要他们的作品足够特立独行。进行这些交易的设计师和字体极客同样狂热和挑剔，所以概念和技术的优势都是成功的不二之选。

需要：特立独行、高姿态、技术独创。只要能打破陈规陋习，甘冒风险，并且保持那么一点点进取心，你就可以在文字设计色彩浓厚的小玩意儿世界里打出一片新天地。要找到专业的制造商非常困难，因此技术能力和追求灵感的意愿都必不可少。

位于美国特拉华州的 House Industries 设计工作室一直是文字设计产品领域的潮流引领者。他们的商品包括家具、游戏、雕塑和这些金属铸造的书立等。每有产品面世，都会发布一款新的数字化字体家族。

这些自行车头盔上的字母图案是 House Industries 设计工作室于 2011 年为 Giro 公司新推出的 Reverb 系列自行车设计的（H 型图案源于照排用的 Banjo 字体，另一种图案则由大括号演变而来）。

欲望的客体

塞布·莱斯特（Seb Lester）多年来受雇于蒙纳公司的英国分部。在那里，他凭借 Soho 和 Neo 这两款简约的企业字体打出了自己的名气。另一方面，他的个人作品却展现出截然不同的特征。这些限量版发行的热情鲜艳的丝印海报令人回想起17世纪的花体书法艺术，在追求华丽感的平面设计师中间引发狂热追捧，最终使莱斯特在2010年被公认为一名技艺娴熟、声名远扬的绘制文字定制设计师。

→ 字体还是绘制文字？ 104
→ 风格与立场 142
→ 手工制作的诱惑 156

当Faydherbe/de Vringer平面设计公司的本·法伊德尔比（Ben Faydherbe）应邀为海牙的空间艺术基金会（Stichting Ruimtevaart）设计一系列海报时，当时的情况迫使他创建一个可以承接这个低预算的庞大项目的系统，以避免每张海报都需要重新设计。他构建了一个基于简单网格的模板。这个方法既节省了时间，又为应对变化留下了足够的余地。

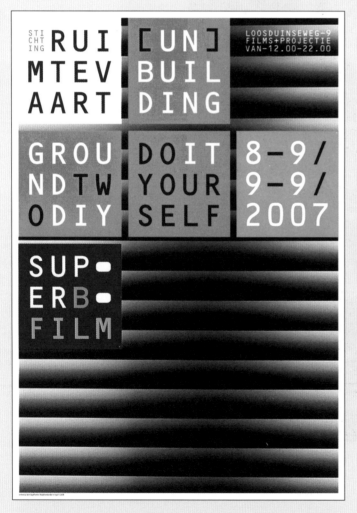

组织和策划

控制画布

我们观看图形作品时，看到的通常是一个平面。在书籍杂志中，这个平面是打开的对页。在其他情况下，这个面可能是海报、指示牌、电影片头的画面、计算机或移动设备的屏幕。于是，我们把这种"平面设计中的一致的地方"称为画布，或者说，就是设计师像画师涂抹画作那样来安排图形元素的区域。

即使是不含任何照片或插图的纯文字设计作品，要想使其颇具趣味而不失其道，像观看一幅画那样检查作品的构成不无益处。将平面划分为深色和单色部分，即文字设计术语中的"留白"（white）与"黑字"（black），平衡元素或有意制造失衡的同时保持易读性，这些在很大程度上和作画一样，都是有意赋予形式的行径。如果设计的是印刷作品，将其挂在墙上退后几步来观看，会很有意义，因为单纯在计算机屏幕上判断数字化设计作品是远远不够的。

创建序列

画布通常是一个更大的整体中的一部分。在书刊、杂志或网站中，数张页面或对页构成了一个顺续的单元来包含贯穿整份出版物的节奏、关联和对比。类似的情况有时也会出现在系列设计中。当个体或单期发行物之间的视觉联系建立后，一长串海报或音乐会演出广告，又或者周刊或月刊辨识度就会提高。一个预先设定的基本布局，特别是模板或网格，都不无助益。这可以确保那些包含多样化内容的页面保持共同的元素。这不仅创造了统一感，还有助于使流连于出版物或网页的读者感到很自在，无须历经不必要的搜索或猜测就能找到各自所需。

（请注意：相反的方法也行得通。如果剧院或俱乐部每个月分发的节目单都难以捉摸，截然不同，看不到任何明显的视觉方面的预先策划，这同样也会产生引人注目的效果。）

组织和策划

构建用户和读者体验并非网格的唯一任务。利用网格设计也是一种使设计本身合理化和系统化的方法。它提供了一个框架或一种初步设计来限定各个页面上需要的决策次数。它可以成为简化项目的生产过程（"工作流"），并可以确保，当数个设计师共同致力于同一个项目时，他们的成果是一致的。

平面设计师始终需要将内容放入语境。因此，比起绘画或音乐（不包括电影配乐或商业广告音乐），设计通常是发挥余地较小的行为，尤其是处在公司架构中的设计。大部分工作是指派的：客户、任务简介再加上咬得死死的时间安排。我们需要在技术与预算的限制下工作。在工作室架构下，常常有具体的任务分配和工作流程：如果其中一个设计师太忙了，另一位设计师必须能够立刻接手。

许多设计师和工作室创作作品大略会经历3个阶段：首先是基础设计，其次是确定每一页的布局，最后形成基准文档——数字化版本的"工作图纸"，印刷品、网页或显示板都由此被直接制作出来。即使工作流程不像这些阶段那样系统化，在许多工作室里也同样规定，即如果一位设计师没空闲，另一位设计师必须能够取而代之。这种实际情况意味着许多平面设计师都受益于一个系统化的、合理化的体系，该体系能够保证当多名设计师共同设计一个项目时，他们的成果能够保持一致。所以启动任何项目，开始真刀实枪地实施之前还有一步要做。无论是策划还是设计在许多情况下其过程都包含对设计本身的策划，即准备好画布。

一步到位：自动排版

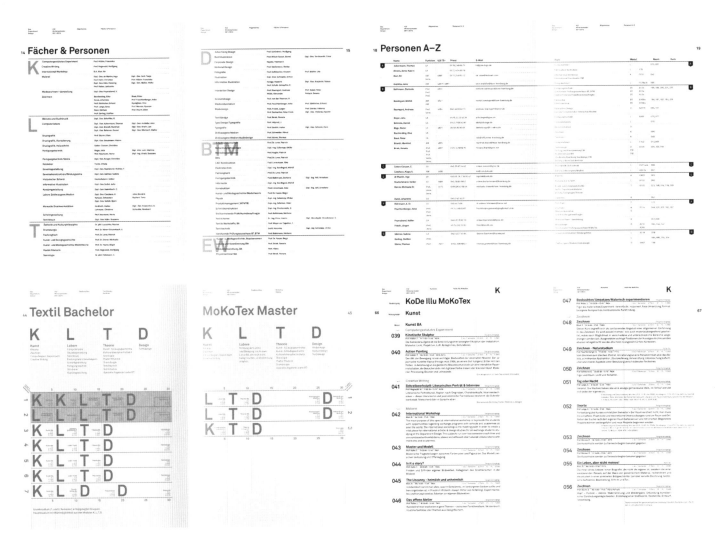

课程表，汉堡应用科技大学

为设计师及其助手开发网格和模板的初衷是提供参照——换句话说，是由人来遵照执行的操作说明。接下来要做的，当然就是消除一切人的干预，让计算机完成工作中最耗时的部分——各个页面的版面布局。实际上，如果没有自动化版面设计功能，许多包含大量数据的印刷出版物不可能按时完成。旅游目录、邮购目录、时刻表、文化名册等都复杂到无法逐页完成设计。利用一个或多个数据库来输入数据，由此，最后的版面通常是在一台搭载了事先精心准备的基本设计方案的计算机上生成的。

德国汉堡应用科技大学（Hamburg University of Applied Sciences）设计系的学生通过制作一件非常真实的作品——该系的课程表——来学习自动排版的来龙去脉。每个学期的课程表的学生设计团队都不同，所以每次的基础设计都是从头来过。2011～2012 年冬季学期的课程表由拉里莎·福尔克尔（Larissa Völker）、泽伦·达曼（Sören Dammann）、阿廖沙·西夫克（Aljoscha Siefke）和多多·弗尔克尔（Dodo Voelkel）在海克·格雷宾（Heike Grebin）教授的指导下完成构思和设计的。

← 场景　22
→ 网格系统　46
→ 概念　140

模块化和效率

模块化是许多人工制品及自然界形态的基本原理。就人类大多数建设领域而言,如建筑业、机器制造业、音乐和印刷业等,通过组合或重复简单的部件——模块——得以营建万千气象,这至关重要。

文字设计的原义是使用活字来排字和印刷,它可能是人类首次使用模块化方法在工业规模上实现生产的活动。

书籍的制作过程结合了不同层次的模块且这些模块的复杂性依次渐增:金属字母被排成行;数行文本构成了栏;数栏文本和版口组形成页面;由4个、8个或更多页面组成的打样被折叠成折子;最后这些折子被装订起来就成了一本书。每个阶段的组件或单元都必须具备某种统一性。字母的高度一致,文本行的长度相等,页面通常按照左右对称的对页样板重复摆放。破坏这样的规则会显得荒唐而低效。模块化的处理方式是排字和印刷的机械本质所固有的。

大约在1900年,前卫诗人和艺术家开始打破传统版面构成的条条框框。他们想将文本从静态的、对称排列的矩形块的束缚中"解放"出来;通过引入非对称、斜线和纯粹的混乱等动感的编排来取代标题居中的古典装饰模式。有时候,这些实验与那些追求简明和功能至上的豪言壮语紧密相关。事实上,建构倾斜的版面或在凸版印刷机中随机排字都需要长时间的反复试验,并且会错误百出;而从印刷工人的实用立场来看,这与提高效率背道而驰,是彻底的愚蠢行为。

这场实验很快就让位给了实用主义。包豪斯是倡导现代主义简约原则的大本营之一,该主义主张设计要适应大工业的流水线生产方式。现代主义的文字设计师们吸取了20世纪二三十年代"新文字设计"(New Typography)运动的教训,回归模块化设计只是时间的问题。在第二次世界大战期间及之后,瑞士的文字设计师把网格的概念精雕细琢成一个由规律性单元组成的包罗万象的系统,成为一种既具实用性又有理论意义的工具。

↑↑ 古登堡《四十二行圣经》里的页面,可以看出以基本网格形成结构层次的迹象。

↑ 出版商爱思唯尔(Elsevier)发行于1659年的版本。数个世纪以来,书籍印刷的技术细节决定了页面的基本网格结构:在一个框架中,标题居中,文本两端对齐,它们组成的矩形块被白边包围着,无一不反映出建筑传统的影响。

↑ 关于包豪斯学派著作的宣传单,由拉兹洛·莫霍利-纳吉(László Moholy-Nagy)设计于1925年,将传统的两端对齐文本和动态的非对称的网格混合在一起。

← 20世纪头几十年里,意大利的未来主义者算得上是挖文字设计墙脚的一群人。这张由阿登戈·索福西(Ardengo Soffici)于1919年设计的页面就是一个他们所谓的"Parolibere",意为"自由文字"范例。

← 正当其领军的现代主义达至巅峰，扬·奇肖尔德（Jan Tschichold）写下了《新文字设计》（The New Typography）这本书。他在该书中宣告，居中型版式的时代已经过去：新时代需要的是灵活运用网格，形成动态的、不对称的排版。这幅重画过的示意图是奇肖尔德这本书中最著名的例子，它讨论的还是集中在杂志的对页上。奇肖尔德后来回归更传统的方法，例如，他为企鹅出版社设计了居中版式的封面。

全是网格

在超过60年的历程中，网格经历了系统化、教条化和神化3个阶段。数位瑞士学派出身的设计师在其著作中对网格及其用法均做了阐述。下面这段话引自约瑟夫·米勒-布罗克曼（Josef Müller-Brockmann）的《平面设计中的网格系统》（Grid systems in graphic design）——一部30年后仍在出版的作品，使我们得以了解网格提倡者们的普遍抱负和他们对精密科学的着迷："作为秩序系统来使用的网格……表明设计师是以建设性的、面向未来的态度来构思他的作品。这传达出一种职业的气质：设计师的作品应该像数学思维那样具备明白的、客观的、功能的和美学的品质。从而，设计师的作品应有利于整个文化，而且融入其中……客观的、致力于公益的、精雕细琢的设计作品构成了民主行为的基础。"

自那以来，这种以道德态度正确与否来判断方法是否合规的做法屡遭质疑。从实用角度来看，网格当然不再是必不可少的东西。桌面排版软件虽然充满了标尺和参考线，但这些东西并非不可或缺：计算机同样促进了曾使意大利未来主义者为之神魂颠倒的"自由文字"的创作和传播。但作为同时构建制作流程和设计本身的实用手段，网格仍然是现代主义大旗下实用至上这一理念带给今天设计实践的最具影响力的工具。对许多文字设计师来说，模块化的网格仍然是设计作品的最重要的出发点。

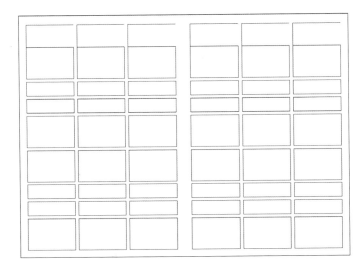

↖ 由马西莫·维格纳利（Massimo Vignelli）为诺尔家具公司（Knoll）的小册子设计的模块化网格（此图已获准重新绘制和使用）。

↑ 自瑞士学派网格诞生后的几十年里，数以百万计的书籍、杂志和小册子采用的模块化结构均以文本块搭配与之相同或相近尺寸的照片为基础。《漆布》（Linoleum）杂志，荷兰，1966年。纳恩·普拉富特（Nan Platvoet）作品。

→ 网格系统 46
→ 网页中的网格 52
→ 手工排版 162

神圣的比例

设计就是在尝试摒弃巧合和随机性。因此，比起仅仅基于个人喜好和直觉选择的设计，理性或系统的方法通常能激发更多的信心。前文讨论的模块化结构是极其有效的基本原则，但它依旧留下了许多悬而未决的问题。设计师们所要做的最重要的决策总是关乎作品的尺寸，这是一个让城市规划师、建筑师或印刷设计师抓狂的问题：模块需要多大，整个事物又该多大？或者，在更抽象的层次上这个问题可以简化为：什么样的比例会使作品看起来"合适"？

发明（或"发现"）所谓的完美比例，一直都是设计师用来阐述其决策的必然性和合理性的重要手段。自远古时期起，符号和人工制品的制造者就倾向于从自然界发现的形状或自然衍生的几何形状，来推导其设计作品的比例和特性。

商业秘密和《达·芬奇密码》

像维特鲁威（Vitruvius）和达·芬奇那样将人体放置在一个圆形和一个正方形内，为人体比例做出合理解释，字体和书籍往往借助于几何形状和公式来构造和分析。设计师们构思出复杂的结构来判断书页和版面的比例是否恰当或理想。许多这些结构在当时都属于不会被记录在案的"商业秘密"，直到数百年后才被重新构建出来。例如，直到19世纪初期，艺术史学家才意识到黄金分割或神圣比例（Divine Proportion）的重要意义。你可能会从《达·芬奇密码》中记起这个著名的数学准则，它是古典时期或文艺复兴时期的建筑、绘画和书籍设计的指导原则。

这些比例实际上是否可以优化设计尚无定论，我们经常只对自己习惯的东西青眼有加。但是，黄金比例和那些更简单但中肯的原则（如三分法）都能方便设计师创作出较之，比方说版式居中的 PowerPoint 模板，更加生动、充满韵律的作品。

↑ 人类的身体和大多数其他动物一样，差不多是对称的。这一点可能影响了我们更偏好对称的物体和符号。

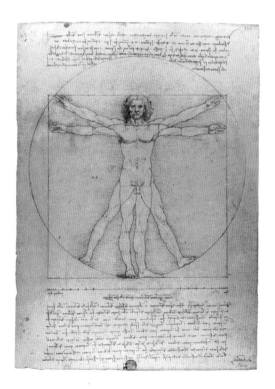

← 在这幅基于建筑师维特鲁威的理论的著名图画中，达·芬奇将人体比例和圆形及正方形这两个基本几何形状关联起来。

→ 理性化（Rationalisation）是文艺复兴时期最令人着魔的思想之一。许多艺术家和建筑师将字母放在网格内，以圆形、正方形和简化的几何比例来论述细节，试图以此来"解释"罗马字母之美。阿尔布雷希特·丢勒（Albrecht Dürer）——《人体比例四书》（Four books on human proportion）的作者——在其刊载于1525年出版的《艺术课上的尺规测量法》（Course in the Art of Measurement with Compas and Ruler）中的几何论文《论字母的正确造型》（On the just shaping of letters）中，试图为字母构造提供万灵药。这两个例子即出自该书。

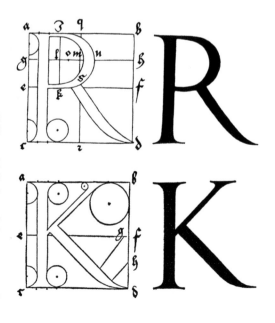

斐波那契与黄金比例

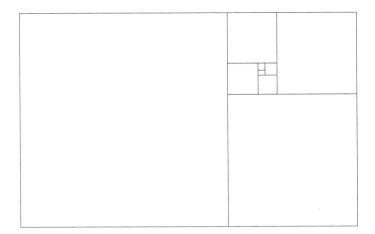

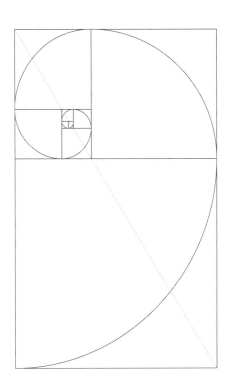

黄金比例，或者说黄金分割，是把一条线分割出两个部分，两个部分的比例大约为1:1.618，这是一个"无理数"，用希腊字母 φ 来表示。黄金比例在几何学中发挥着重大作用，特别是在五边形和五角星形的结构中。自从金字塔被修建以来，黄金比例似乎已被运用在建筑、艺术和手工制作中，建立比例和谐理性的形状。利用直尺和圆规就可以找到黄金比例分割点（如果有兴趣，在网上随便一搜就可以找到操作说明）。

↑ 从长宽比例符合黄金比例的矩形剪去按短边长度构成的正方形，结果又是一个具有黄金比例的矩形。

↗ 按黄金比例分为两部分的线段，以及说明两部分之间关联的公式。

→ 黄金比例与斐波那契数列是互相关联的。斐波那契数列是一系列这样的数字：每一个数字是前两个数字的总和。在自然界中，螺旋形遵循的模式颇似这里的示意图，后者是按照斐波那契数列原理逐步增加正方形边长来建立的。与斐波那契数列相关的公式被应用于包括计算机科学和金融市场在内的诸多领域。在平面设计中，斐波那契数列用来创建另类的网格。

三分法：创造视觉张力

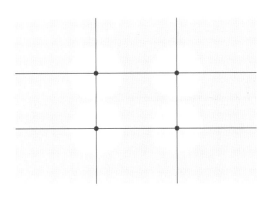

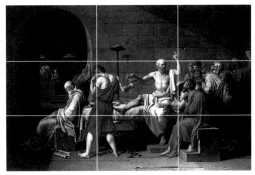

在众多为视觉构图开出的处方中，三分法可能是最为出名的一种。约翰·托马斯·史密斯（John Thomas Smith）在其1797年出版的《乡村风景论》（*Remarks on Rural Scenery*）中首次描述其原理。三分法声称，通过将画布沿水平和垂直方向均分为3份，就能获得视觉张力。把要素沿着4条分割线及在这些分割线相交的"能量点"附近来设置，就能得到一个更吸引人的构图。三分法现在是许多摄影课程的主打内容，但对图形构图来说当然助益良多。

← 模块化和效率 40
→ 网格系统 46

书籍设计的秘密原则

著名设计师兼作家扬·奇肖尔德发现，在1550~1770年出版的大部分书籍都遵循某种"神圣"或合理的比例：似乎有一种关于页面规格的具体法则，通过复杂、"秘密"的结构推衍版心比例及其在页面上的位置。他深信，读者会本能地觉得这些关联令人更讨喜、更和谐。奇肖尔德还规定，小本书籍一定要有高度（你应该能用一只手握住它们），而关于正方形的书籍，他在1962年写道，这种书籍肯定是没有任何必要的。

今天，正方形书籍的产量巨大——这可以经济地制作那些用纸紧张的书籍。对于正方形这种形式而言，依照文艺复兴时期的几何图形来构建版面，是没有意义的。设计师必须依靠他们的直觉和眼睛。

一般来说，主观性和务实考量是今天在页面上确立版面比例的主要依据。当代的设计师往往推崇极其狭窄的版口。这并非难以做到，因为印刷和装订技术的精确性和1600年前比起来已判若云泥。

然而，奇肖尔德发现（或重新发现）的原则仍是有意义的。他的著作再版不绝，并被翻译成多种语言。罗伯特·布林赫斯特（Robert Bringhurst）在他执笔的《文字设计风格的要素》(*The Elements of Typographic Style*)这本影响深远的著作中，占用几页来专门讲述如何使用黄金分割及相关原则来构建对页。

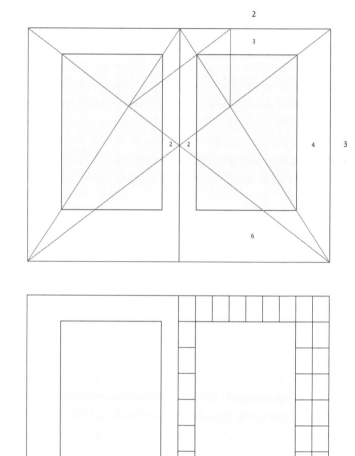

↑ 远在西式活版印刷术发明之前，扬·奇肖尔德重建的"理想"比例就已经被发现了。这份来自维拉尔·德·奥纳库尔（Villard de Honnecourt）手稿（1280年）的页面方案，被罗伯特·布林赫斯特形容为具有"一种稳固、雅致、基本的中世纪结构"。图片显示的是页面构造和由此产生的9×9"网格"版面比例。如果今天的设计作品遵循这些原则形成较宽的版口，给人的感觉就不是自然，而是过时且造作。

← Rosbeek印刷厂的慈善出版物是一些边长约为198毫米的正方形书籍。由于不适宜采用传统的结构，正方形的格式通常会激发设计师运用非常规的布局。皮特·杰拉德（Piet Gerards）所设计的Rosbeek印刷厂系列书籍的完整目录就是这样一个例子。这本书由杰拉德自己的出版企业Huis Clos发行，后者也是扬·奇肖尔德著作的出版商。

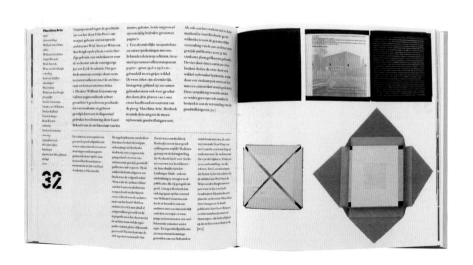

合理性：DIN 标准

即使我们很少碰到根据中世纪原则来制作的书籍，但在世界上许多地方，我们在日常生活中都会接触到一个类似于黄金比例的系统：这就是由德国一家叫 DIN 的机构制定的纸张格式系统。创建于1917年的DIN（德国标准化学会，Deutsches Institut für Normung）在包括健康和环境的许多领域里建立了标准，而1922年制定的纸张尺寸标准是其最为著名和最具国际影响力的标准之一。

柏林工程师瓦尔特·波斯特曼（Walter Porstmann）的设计以18世纪晚期一个被人遗忘的公式为基础，在这个公式里所有尺寸规格存在一个相等的比例，为 $1:\sqrt{2}$（≈1:1.414），其优点在于，尺寸范围完全一致并易于扩展：要得到范围中下一个更小的尺寸，你只需要将这张纸对折。在生产和分配过程中使用时，比如说在宣传活动中使用传单、海报和手册，DIN系统将会使纸张的损耗降到最小；在储存或运输印刷品时，这个系统也会节省空间。

DIN 的纸张规格标准有4个系列，A至D，其中前3个已经成为世界范围的ISO标准。A系列是目前为止最常用的：在许多国家，一张办公用纸被称为"A4"。B系列提供了一个中间尺寸的规格，而C系列专用于信封，与A系列的纸张兼容：一张A4纸，能装进C4规格的信封里；把A4纸折叠一次，能装进C5信封里。

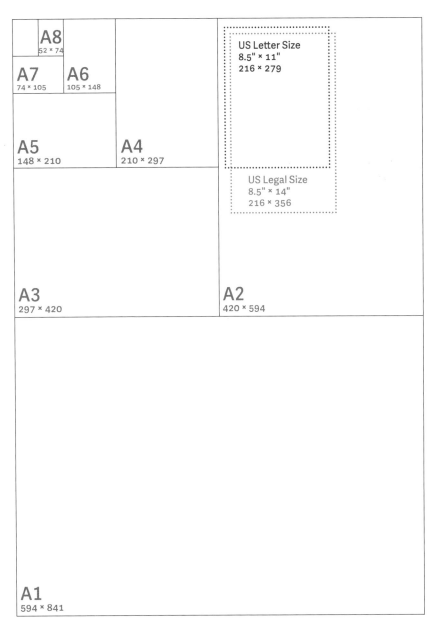

单位：mm

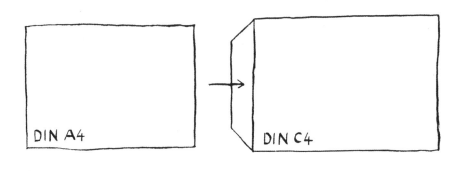

← 一连串想法 18
← 模块化 40
→ 瑞士风格的感觉 90

观察网格系统

↑ 网格的模块化建构和一间半木质结构房屋的设计原理是相似的。木建部分就像个网格，它所界定的矩形能用砖石、窗户或门来随意填补，就像页面上的网格需要用文本、图像和其他元素来填充。

在设计中创建连贯性并使其保持内在逻辑的方法有很多，但正如我们已经看到的，现代主义的网格获取了一个特殊的位置。这不仅是平面设计领域的个案，城镇、建筑或室内装潢都可以采用基于网格的方式来营造。简单地说，网格就是通过线条对画布进行划分的结果。大多数网格使用矩形，但也存在采用圆形、三角形和斜线来发挥作用的网格。

在模块化的网格中，每个方块都可以填进不同的内容：文字、图像、彩色平面，以及联系和导航所需的元素。通常，网格是包含规则的，用来确定哪些元素可能放在哪里，元素之间的距离可以是多少，使用哪些字体和正文尺寸，哪种色彩模式，等等。充满了这样的规章制度的网格等同于模板。

自我设限

大多数设计师喜欢约束条件：客户简报、预算、尺寸上限。约束条件为他们的思考指出了方向，并为功能和结构——而不是形状和外观——方面的思考提供了动力。因为有了约束条件，设计师可以把自己想象为解决问题的能手。在寻找形式的过程中，网格系统或多或少变成了一种人为的限制，当然，这也是有助于指导思想的。但是，使用网格或模板不应该是自欺欺人，也不只是让设计师草率地填补空白敷衍了事。因为这是一种自愿施加的限制，它可以被推翻或被忽略。

过于严格或简化的网格会限制设计师的自由行动，这可能会使他们充满挫败感而变得效率不高。精心编织的、灵活的网格是防止其变成束缚的方法之一。然而，另外还有一种更常见的解决方案：用几根基本的参考线确立栏宽和简单的垂直划分。一旦设计师们把自己逼入死角，他们就会被迫（或主动）打破网格。

最后警告：尽管基于网格的秩序具有吸引力，但网格始终只是一个可选项。它们只是着眼于页面制作的一种方法。和有才华的画家一样，杰出的设计师可能无须预先设计好的框架，也能设计出精巧的页面。有时候网格要牢记心间，有时候一定程度的凌乱反倒可能是件好事。

→ 约瑟夫·米勒-布罗克曼是瑞士实用主义学派的一位大师，在他的著作《网格系统》（*Grid Systems*）中列举了这个例子：为交易会售货台设计的三维网格。约瑟夫·米勒-布罗克曼，《平面设计中的网格系统——给平面设计师、文字设计师和三维设计师的视觉传达手册》（*Rastersysteme für die visuelle Gestaltung. Ein Handbuch für Grafiker, Typografen und Ausstellungsgestalter. Grid systems in graphic design. A visual communication manual for graphic designers, typographers and three dimensional designers*），第7次印刷，Niggli Verlag出版社，瑞士苏黎世，2010年（1981年初次印刷）。

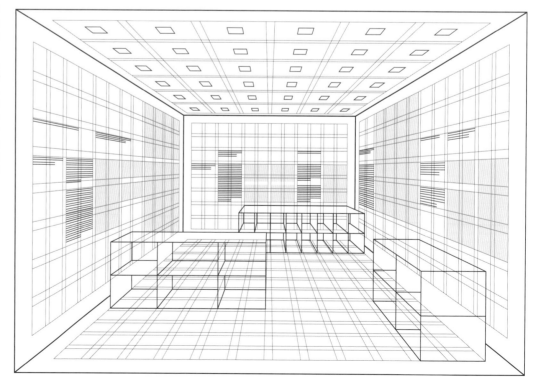

灵活的网格

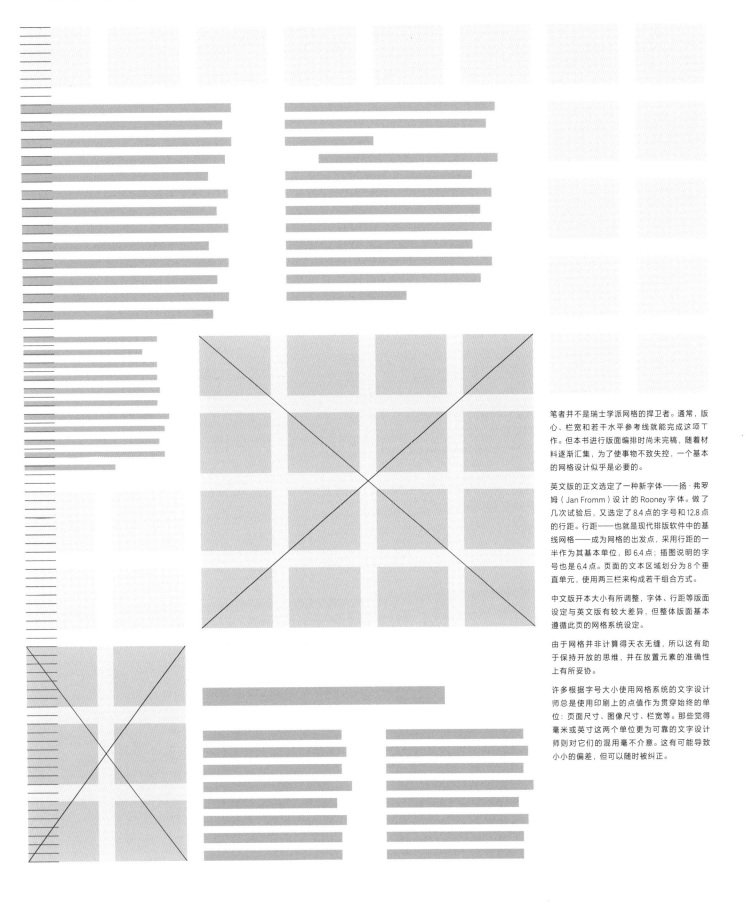

笔者并不是瑞士学派网格的捍卫者。通常,版心、栏宽和若干水平参考线就能完成这项工作。但本书进行版面编排时尚未完稿,随着材料逐渐汇集,为了使事物不致失控,一个基本的网格设计似乎是必要的。

英文版的正文选定了一种新字体——扬·弗罗姆(Jan Fromm)设计的 Rooney 字体。做了几次试验后,又选定了 8.4 点的字号和 12.8 点的行距。行距——也就是现代排版软件中的基线网格——成为网格的出发点,采用行距的一半作为其基本单位,即 6.4 点;插图说明的字号也是 6.4 点。页面的文本区域划分为 8 个垂直单元,使用两三栏来构成若干组合方式。

中文版开本大小有所调整,字体、行距等版面设定与英文版有较大差异,但整体版面基本遵循此页的网格系统设定。

由于网格并非计算得天衣无缝,所以这有助于保持开放的思维,并在放置元素的准确性上有所妥协。

许多根据字号大小使用网格系统的文字设计师总是使用印刷上的点值作为贯穿始终的单位:页面尺寸、图像尺寸、栏宽等。那些觉得毫米或英寸这两个单位更为可靠的文字设计师则对它们的混用毫不介意。这有可能导致小小的偏差,但可以随时被纠正。

网格的类型

网格不只是组织你想放到页面上的事物的方式,更重要的是,网格或许是控制那些什么都没有的空间——页面中的空白——的手段。平面设计中的空白空间不是新兴的产物,中世纪书籍的巨大版口也有类似的功能——像是围绕着画作的墙壁和音乐周围的寂静。但在现代设计里,空白不等同框架,它是一种动态的东西,能围绕画布移动,并有助于调整注意力集中的顺序。如果运用得当,网格可以防止复杂的构图显得零散。用音乐做个类比,网格提供的是拍号。凭借节拍,文本、图像和空白组成的旋律便可以奏响。

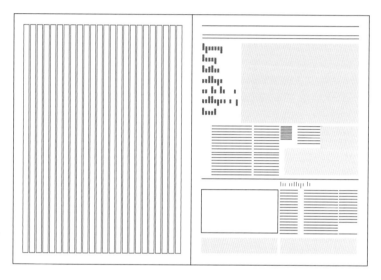

↑ 报纸上的网格几乎都是纵栏网格,从不在水平方向上做行的固定划分。这个设计以被许多大报采用的8栏布局为基础,有一个24栏的网格主版,能够更加灵活地处理更小或更大的文本栏和照片。

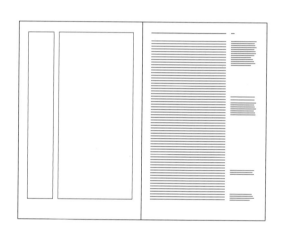

↑ 这是一种经典并被广泛采用的网格,适用于带有脚注和(或)插图的书籍。正文放置在宽栏里,在其外缘设置另一栏,用于容纳注释和插图说明。除了轴向(对称)布局之外,还有一种非对称变体,例如,无论是在奇数页还是在偶数页上,边栏总在正文的左边。

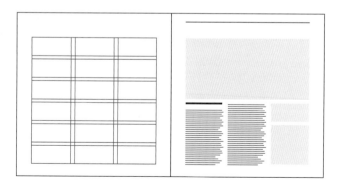

↑ 适用于图画书或小册子的简单网格。

↑ 设计海报、广告或杂志对页时,由正方形构成的网格——在本例中是斜的——有助于维持住事物的秩序。

巴洛克式的结构

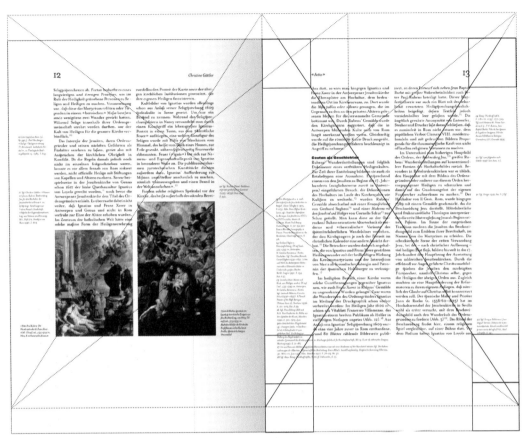

巴洛克风格的展现

《巴洛克风格的展现》（*Barocke Inszenierung, Baroque staging*）这本书记载了在柏林技术大学（Berlin's Technical University）举行的同名大会的会议记录。该书由柏林Blotto工作室的安德里斯·特罗吉斯（Andreas Trogisch）设计，是一次古代结构与现代思维的精彩对撞。特罗吉斯运用了中世纪的原则（如第48页所示），他挪动网格，使其最高点高出页面顶部约1英寸（约为2.5厘米），形成标准的正方形，而且，它的页边可以用两个正方形来界定。得益于这个方案严谨的版式，该书的页面布局千变万化，在有必要的地方打破网格的窠臼。该书还借用了中世纪手稿中的旁注手段，在正文周边加以精彩的学术批注。

← 场景 22
← 控制画布 38
→ 网页中的网格 52

暴露网格的意义

有些设计师对利用网格来做设计深信不疑，其他设计师则不这么认为，而倾向于使用更自然的方式来排版。但由于在过去的60年里，网格一直是平面设计的最基本概念，因而即使是实验派或后现代主义设计师也很难对其视而不见。来自两个阵营的同行——严谨的实用主义者及后现代的折中主义者——纷纷发表评论，争辩将网格作为视觉和意识形态的工具的对错，并以各自的设计来证明其观点。效果可能很讽刺，或者本就是游戏一场；这些辩论也可能形象化地阐述了这样一种观点，即没有网格的逻辑基础，平面（文字）设计实际上是不堪设想的。下图所示的维姆·克劳威尔1968年为在阿姆斯特丹市立博物馆（Amsterdam Stedelijk Museum）举办的"设计师展览"（Vormgevers）设计的经典海报和目录，或许揭示了其中的几丝端倪。

英国的实用主义设计师安东尼·弗罗肖格（Anthony Froshaug）也持有这样的观点。在他的杂文《文字设计就是网格》（*Typography is a grid*）中他这样写道："先说文字设计，几句话后又聊网格，这简直是不折不扣的冗余之谈。"他指出，根据定义，文字设计的意思就是在规律的样板中安排标准的模块。

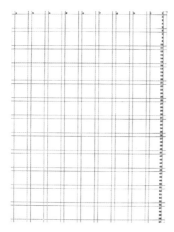

维姆·克劳威尔为在阿姆斯特丹市立博物馆举办的"设计师展览"创作了一幅自我参照的海报。克劳威尔用他在几年前引入市立博物馆目录设计的网格作为版面及定制字母的基础。这些网格实实在在地印在"设计师展览"名录的背面。

递暗号给网格

这是安妮特·楞次（Anette Lenz）为法国昂古莱姆城市剧院（Angoulême city theatre）的2001~2002年度演出节目表所做的设计，毫不隐讳地使用网格作为设计元素。封面上画有网格，第3页的演出节目使用网格排列得井然有序，评论版也以方块展现出由文本块、色块和照片构成的色彩斑驳的演出节奏。矩形的秩序被有冲击力的圆形和倾斜的条块打破，这些圆形和倾斜的条块大多停留在下面的图层，但有时候反而抢尽风头。

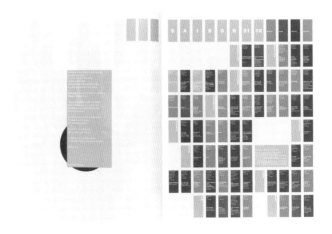

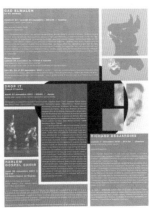

← 场景　22
→ 模块化字体　88
→ 概念　140

网页中的网格

在印刷设计中，网格的使用已逐渐变得可有可无。许多设计师对概念和结构的兴趣远远超过完美地按照线条排列元素。如果真要这样做的话，他们会采用松散的网格。在网页设计中，情况却恰恰相反。在过去的几年里，网页设计成为热门话题，也是专题网站、博客和书籍的主题。网格似乎成了仙丹妙药，可以治愈网页设计中一切令人沮丧和烦恼的事情：可缩放的窗口、不断变化的内容、不协调的字体，数不胜数。然而，网页中的网格和印刷上的网格根本就是两回事。

虽然印刷上的网格能采用页面尺寸或比例作为参考，并以此来创建版心，即规律性模块的布局方案，但在网页设计中，网格几乎无法做到。正如我们看到的（→第32页），许多网页的长度是未知的，因此画布的划分通常是完全垂直的，即纵栏网格。栏数通常以像素来计算，这对控制网页设计有极大的帮助（参见下文）。但是，对于在移动设备的高分辨率小屏幕上浏览的页面来说，像素尺寸的意义就没那么大了。多栏布局在智能手机上会显得很荒谬，那些以像素定义了固定宽度的图像会变得极小。

因此，在移动设备上浏览要求网页设计转换样板。可能的解决方案是，创作根据比例增减的虚拟设计来适应不同的视口（viewport）：大号显示屏、小号显示屏、平板电脑、智能手机。在计算机屏幕上带给人愉悦美感的类似多栏杂志的设计，在移动设备上可能会变成完全注重实效的单栏布局。网格将有助于引导设计作品确定在不同设备之间的比例浮动。

Gridulator

大卫·斯莱特（David Sleight）在纽约拥有一家网页设计公司Stuntbox。他开发了一个简单的、用来计算网页纵栏网格的线上应用程序。Gridulator最初是为他的公司内部使用而设计的，后来这个应用程序可以免费从gridulator.com下载。正如斯莱特所解释的，他开发Gridulator是因为"大多数现有的桌面网格计算器主要是面向印刷的（像58.766666666这样的宽度对网页设计师而言，是毫无意义的）"。Gridulator被设计成"使创建网格简单得能够一次搞定的东西。你不必再为一想到要在Photoshop中重新安排无数的参考线就感到厌烦，也不再为PixelLand不能加总数字而感到纠结"。

生动、清晰、可管理

Creative Capital

Creative Capital 是美国最大的艺术赞助商。该组织有许多项目，其中包括他们的艺术家赠款项目，该项目展示了世界上一些最出色的艺术家。

Area 17 是一家在巴黎和纽约拥有事务所的网页设计公司，它为 Creative Capital 开发了一个几乎和他们的项目一样雄心勃勃的网站。该网站的目标是"在清楚地传达该组织的诸多成就的同时，创造机会来展示艺术家自己及 Creative Capital 在其职业成长过程中的作用"。严谨而灵活地使用网格，有助于该网站保持清晰、便于更新。

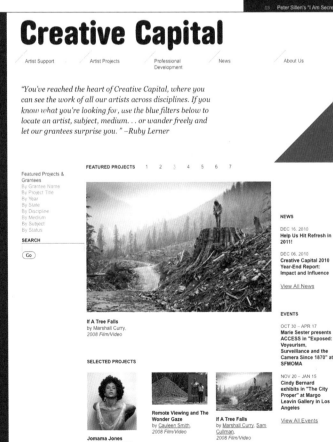

← 为网页做设计　32
← 控制画布　38
→ 屏幕上的字体　108

《无人区》（Niemands Land）是荷兰作家汤姆·拉诺伊（Tom Lanoye）创作的一首战争诗歌，格特·多雷曼以表现主义的风格对其进行了设计。虽然多雷曼使用了多款字体，但他选择的字体限制在捷克设计师弗朗齐歇克·施托姆（František Štorm）制作的字体范围里（再加上 Font Bureau 旗下的 Rhode 和 Barcode 字体）。多雷曼表示："我想实现的每一种表达，都由这些字体现出来了。"Prometheus 出版社，2002 年。

了解和选择字体

vergaan in een orkaan **VAN GRANATENDICTATEN**

1 KREET ['WE KOMEN ERAAN KIJK UIT']
DAAR IS DE HEL AL OPENGEGOOID
DAAR
DAAR, JA!
    stukken
    brokken
    brokstukken
    vanvanvan
  mensen
    &messen
    &pensen   *vliegen*
    &pezen   *vlammen*
    &ezels   *vallen*
    &schedels
    allen DE LUCHT IN begot
    SMAK!
    SMOOR!...[oh!]
    OPSTOOT!...KRAK!

MACHINEGEWERENGEBABBEL
BOMBARDEMENTENGESCHETTER
BLOTEWAPENGEKLETTER

'We're comin' soon! look out!'
There is opened hell
Over there, fragments fly,
Rifles and bits of men whizzed at the sky
Dust, smoke, thunder! A sudden blast
Of machine guns chattering,
And redoubled battering,
As if in fury at their dance!

关于选择字体的思索

对一件平面设计作品的吸引力和功能性而言，选择字体是至关重要的。但永远不要忘记，字体只是许多因素中的一种。选择经过证明的、有名气的字体并不会保证有好的平面设计作品。反过来说也是正确的。运用一款平庸的字体创作出令人心悦诚服的设计作品是完全有可能的。除了字体的因素之外，平面产品的感染力还要依赖许多其他方面的因素。

这并不能改变这样一个事实，即文本造型的专职从业者都应该对字体的属性了若指掌。这里我指的不仅是字体的美学效果——它们好看吗？——还有更深层次的东西。通常字体的技术特点，即技术参数，是决定在特定项目中使用这种字体或字体家族与否的关键。这款字体有充足的字重吗，如适用于醒目标题的细体或粗体？有没有适合设置表格的等宽数字，或者适合字母缩略词——比如 UNESCO（联合国教科文组织）和 ASCII（美国信息交换标准代码）——的小型大写字母？它们使用的是能与 Windows 和 Mac 系统兼容的 OpenType 格式的字体吗？这款字体的常规字重对小字号来讲足够坚实吗？或者这样说，由于其细微部分在小字号下或从深色背景中反白时可能会变得看不见，字体的对比度会不会过于强烈？这款字体是否带有专门设计的连体字母和备选字母组合，来帮助设计师创作壮观的标题？

在15年前，配备齐全的（正文）字体还很有限，而现在则有数以百计经过精心设计且价格合理的字体家族，为高端文字设计提供令人印象深刻的可能性。

"就是要无趣的字体，求你了"

总之，要求苛刻的文字设计师在今天有大量可供他们使用的字体。除了精致的正文字体之外，还有成千上万款能使设计作品脱颖而出的、迷人的、富有戏剧性的或强有力的展示字体。而且，每天都有新的字体发布。

但并不是每个人都想要优美的字体。在当代平面设计中，也有一个相反的趋势：对"无个性"字体的强烈偏好。许多设计师在概念上倾向于认为，想法比文字设计细节重要1 000倍；他们觉得所有对完美排版和传统技巧的关注都是夸张的，是一种盲目崇拜。他们更喜欢没什么含义的字体，这些字体是如此之熟悉，以至于我们几乎把它们视为"未经过设计"的字体。Helvetica、Times New Roman 和 DIN 就是这样的字体。在荷兰，像米克·格里岑（Mieke Gerritzen）或因特内申纳尔·耶塞特（International Jetset）这样的设计师，他们职业生涯的大部分阶段几乎完全依靠 Helvetica 及类似的字体。把名录和文化活动印刷品中的字体设置为 Times，在当下是非常时髦的（这种趋势大约始于10年前），而在数字字体出现的初期，这种选择被认为是相当懒惰但安全的解决方案。

这已经成为荷兰和英国的平面设计界里一个相当明显的悖论。由于工艺上的技巧、精致的品位和创新的想法，年轻的字体设计师享有全世界的赞美，但是跟他们同时代的平面设计师优先考虑的是其他方面，而且倾向于使用设计于20世纪中期没有特色的字体或没有额外成本、随操作系统绑定的字体。

↓ 有些设计师喜欢使用不同寻常的独家字体作为吸引注意力的元素。柏林的 Weiss-Heiten 设计事务所的比吉特·赫尔策（Birgit Hoelzer）和托比亚斯·科尔哈斯（Tobias Kohlhaas）为 Fuchsauge——一个从事艺术史与编辑工作的办事处——开发了这一形象识别。字体用的是安德烈亚·廷尼（Andrea Tinnes）创作的 Switch，这款字体只能从它的设计师手上直接购买，并没有被其他公司代理。

← ……而其他的设计师更喜欢简洁的版式，比如荷兰女设计师米克·格里芩，她是布雷达MOTI影像博物馆（MOTI Museum Of The Image）的馆长。该博物馆的前身是布雷达的平面设计博物馆（Graphic Design Museum）。她的大部分作品使用了粗体的Helvetica、Franklin Gothic和其他工业化的、简单实用的字体来设计。在字体的使用方式上，格里芩继承了皮特·茨瓦特的理念。下图是茨瓦特1930年呼吁"无趣的字体"的复制片段。

这两种方法都稳固地深植于各自的国际传统。在20世纪的二三十年代，诸如荷兰的扬·范·克林彭（Jan Van Krimpen）和英国的埃里克·吉尔（Eric Gill）这样的设计师，创作了极其精致的字体，这在经典的绘制文字风格中属于国际性的创新。这一"现代的传统主义"的发展恰好迎来了一种更为激进的文字设计风格，这种式样受到诸如风格派和结构主义等现代主义运动的影响。在荷兰，这其中杰出的代表之一是皮特·茨瓦特（Piet Zwart），2000年，他被宣布为荷兰的"世纪设计大师"。皮特·茨瓦特支持一种不允许存在任何无用之物的稀疏的文字设计风格。他在1930年写道（全部使用小写字母做示范）："华丽又古旧的中世纪字体已经失去了存在的理由。我们需要更多有效率的字体……趣味性越少，文字设计上的用处就越多。字体的历史意味越少，它的趣味性就会越少，它和20世纪精确而紧张的精神就会更为相关。"由于当时理想的现代字体还没被创作出来，皮特·茨瓦特更喜欢19世纪晚期不加修饰的无衬线字体——grotesques。这种字体在当时仍被称为"古董"。

直到1945年之后，瑞士和法国的设计师才制作出茨瓦特梦寐以求的字体。这些字体以19世纪的grotesques字体为基础，但更冷漠，更理性，更精确。Helvetica是这些"精确"字体中最为成功的。这款字体立即被皮特·茨瓦特的战后继承者，以及他的"实用主义"伙伴——如阿姆斯特丹的维姆·克劳威尔和米兰、纽约的马西莫·维格纳利——所拥戴。像因特内申纳尔·耶塞特这样的设计师，是受到他们精神指引的年轻一代。

先了解，后拒绝

如果你是一位崭露头角的设计师，只顾着当前的趋势是不可取的。如果不能把眼光放长远，你可能正陷入照猫画虎的境地却不自知。采用"未经设计"的字体可以使作品至少看起来很当代的想法并没有错，但盲目使用这些字体根本于事无补。也许新设计的绘制文字体中不尽如人意的地方才是你想要表达的。因此，理解这些不尽如人意之处——无论想法有多粗糙——是非常有意义的。这也正是本章的目的所在。

← 导航 20
→ 选择字体 98
→ 购买字体 106

正文字体和展示字体：面包与黄油

不同的阅读方式要求有不同类型的字体。主要的区别如此明显，以至于我们很容易忽视这样的问题：我们正在处理的究竟是纯文本（正文），还是标题、口号呢？对于前者，我们需要正文字体；对于后者，则需要展示字体。好的正文字体用作展示字体的效果通常不错，但反过来用，一般都不是一种好办法。

主力字体和小批量字体

数百年以来，可用于设置文章标题和报纸大标题的特殊字体的数量非常有限。扉页、账单和活页文选采用的字体都是大号的罗马体大写字母。这种情况在19世纪早期发生了变化，那时工业革命带来了新的生产方式、消费模式，以及像马戏团表演这样的大型娱乐活动，因而对宣传的需求极其旺盛。这触发了对显眼的、强烈吸引人们注意力的字体的需求，导致了全新字形的创作：特大粗体字（即黑体字），无衬线的字，衬线极粗或不寻常的字，带阴影的字或立体字。

这些特殊的供标题和广告使用的字体在英语中叫作"小批量字体"（jobbing type）：意思是用于书籍或报纸印刷领域之外的散活的字体。荷兰人将其称为"smoutletter"，smout 的英文意思是猪油。这是有道理的，因为在德国和荷兰，正文字体现在仍被称为"面包字体"（brotschrift, broodletter）。在一个普通人只能用猪油来涂抹三明治的社会里，"smoutletter"这个名称对印刷人员和排字工人来说具有无懈可击的逻辑：尝试向你的客户出售漂亮的展示字体——"蛋糕上的糖霜"——那你也许就可以不仅用干面包来养活家人了。

个案研究：Quadraat 正文字体和展示字体

由弗莱德·斯梅耶尔斯（Fred Smeijers）制作的 FF Quadraat 字体家族，在最初面世时，只有寥寥几款当时的古典体字体。后来斯梅耶尔斯为之增加了一个无衬线的版本和长体。虽然 Quadraat 字体家族是作为正文用字来引介的，但是衬线版和无衬线版都非常适于做展示字体——参见本页的这个例子。不过，斯梅耶尔斯觉得这个字体家族有发挥空间，有可能设计一系列为大字号显示的展示字体。因此，他引荐了展示字体 FF Quadraat Display 和标题字体 FF Quadraat Headliner。这两款子字体家族的 x 高极高，但宽度很窄，使用起来极其经济——也就是说，在同样的空间中，比起更低调的 Quadraat 的文本行，它们可以使文本行设置更大的字号，因而拥有更大的冲击力。但是，更小的字号、更长的正文采用 Quadraat Display 和 Headliner 字体的做法是不被鼓励的。

↓ 由维姆·韦斯特费尔德（Wim Westerveld）为荷兰—德国的艺术节设计创作的海报。海报标题使用的是无衬线的 Quadraat Sans，雅致得体。

Quadraat Regular, *Italic*
Quadraat Bold, ***Italic***
Quadraat Sans, *Italic*
Quadraat Sans Bold, ***Italic***

Quadraat Display Italic, ***Bold***
Quadraat Sans Display, **Black**
Quadraat Headliner Light
Quadraat Headliner Bold

当代的小批量字体

展示字体或标题字体是时尚品。艺术导演和平面设计师的偏好每5～10年就会改变，而群众也会迅速适应新潮流。这种情况发生在19世纪和发生在今天都没什么两样。铸字厂和字体设计师得益于新风尚的创造，才能业务不断。

下图展示了一些近年来的字体趋势。其中数款字体带有复古风格。文字设计历史中几乎不存在今天的字体设计所无法表现的风格。手写体字体没在下面列出，我们将在其他章节加以讨论。

My receding hairline
Taz H09（LucasFonts）

极限

越发多的字体家族在面世时即包含可用来设置华丽标题的极限字重，从超细（极细的线）到超粗。

Bold, black beauties
Taz UltraBlack（LucasFonts）

Typewriter references
Typestar（FSI）

技术性

平面设计师总喜欢使用带有技术外观和感觉的字体，来尝试抵制"理智的"文字设计中那种温文尔雅的审美情趣。通常这些字体指的是那些在视觉效果上显得简约的字形，一般是为打字机、点阵打印机、火车和公共汽车上及机场的显示屏，或自动化字符识别（即OCR，光学字符识别）设计的。（→第88页）

Into the matrix
BPdotsPlus（Backpacker）

'The modern face'
Poster Bodoni（Bitstream）

19世纪的回声

大多数19世纪的字样都是以Bodoni/Didot字范为基础的，带有明显的笔画粗细对比。为了满足大幅面海报的需求，设计师们开发出这种风格字体的极限形式，以及带有浮夸衬线的字体和第一批无衬线字体。今天，对这些戏剧化风格字体的诠释数不胜数。（→第84页）

19th-century wood
Maple（Process Type）

The Roaring 20s & 30s
Sympathique（Canada Type）

20世纪的回声

20世纪上半叶，文字设计风尚的变化之快让人感到目不暇接。新艺术运动的植物装饰先后被装饰艺术运动的严谨装饰和结构主义的简洁几何所取代。1955年之后，几何字体的设计浪潮滚滚而来，及至20世纪90年代，高科技风格成为最新的主流趋势。（→第86页）

POST-WAR STYLE
Miedinger（Canada Type）

Disco|Techno|Geo
Dublon（Paratype）

字体（Typeface）、一套字体（Font）、字体家族、字符集、字体格式

当字体还是由成箱的沉重金属活字组成的时候，它们是论点出售的。如果你在排一本厚厚的书的时候，不多次分配字体以反复使用，那么你将需要大量的原料，那意味着巨量的资金和人力投入。今天，一款数字字体可以让你设置任意书籍。购买一款新的字体不再像过去那样是一个"沉重的"决定。但好的字体往往价格不菲，所以决定买什么并不见得比过去更容易。根据采用的字体格式（TrueType、PostScript Type 1 或 OpenType），字体的结构和特征可以存在很大的差别。下文是一个简明的字体学介绍。

↓ 在金属活字时代，字母是按点出售的，按点值来分别定价。铸字厂制订了活字所需的最低数量。下图就是这样一"套"字体。

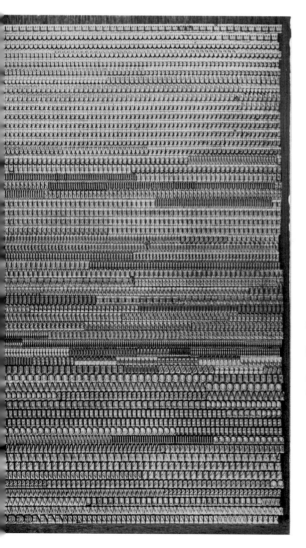

什么是字体？什么是一套字体？

Agile *Italic*

↗ 本书标题采用的字体是埃德加·瓦尔特赫特（Edgar Walthert）设计创作的 Agile。Agile 有10款字重，从 Hairline（超细）到 Ultra（超粗），每一款字重均配有意大利体和小型大写字母两种样式。当我们是从整体上提到 Agile〔作为一种想法、一个概念、一组相关字体（fonts）〕时，我们指的是 Agile 这个字体（Typeface）。

字体（Typeface）是用来描述"设计层面"的词：与其说字体是一定数量的字符，不如说是一份基础图纸，一组基本原理。有时候这个术语也用来描述特定的样式或字重，如"我们选择 Agile Bold 作为大标题"，但更多的时候，它表示的是所有变体的集合，如"Agile 字体发布于 2010 年"。

Garamond Regular, SMALL CAPS, *Italic*
Garamond Semibold, SMALL CAPS, *Semibold Italic*
Garamond Bold, ***Bold Italic***

↗ 在早期数字化印刷时代，硬盘空间是一个大问题，即使是 Garamond 这种全用途的字体家族，其规模都不大。小型大写字母被认为不是斜体和粗体所必需的。今天许多新的全用途字体家族相当广泛：它们由5款或更多的字重组成，而且通常还可用于不同的宽度。

字体家族是基于相同基本设计的相关几套字体的集合。这些字体可以有不同的粗细（字重）、样式（标准体、意大利体、小型大写字母）和宽度。数字化的设计过程促进了非常庞大的字体家族的设计，这种字体家族通常被称为套（suite）或超级家族（superfamily）。这样的一个字体家族包含了许多相关的子族：例如，卢卡斯·德赫罗特〔Luc(as) de Groot〕创作的 Thesis 即包含了一系列的无衬线、衬线和半衬线字体（semi-serif），以及等宽系列（monospaced）和打字机（Typewriter）系列。

Agile BLACK

↗ Agile 的一款字重。这款 OpenType 格式的字体（font）内建有小型大写字母（参见下一页）。和往常一样，意大利体作为单独的字体提供。所以 Agile 的粗体包括两套字体：罗马体（或称为罗马体 roman）和意大利体（Agile Black Italic）。

字重与样式 最初"字重"（weight）指的是笔画的粗细，如"字体的 Bold 版本就是一款字重"。在20世纪90年代，字体供应商开始把这个词当作"一套字体"的同义词来使用，"字重"被用来表示在一定字重下的特定样式（例如斜体），如"TheSans Bold Italic 被视为一款字重"。这使事情变得越发复杂，在这里称呼其为"样式"更为合理。所以，在本书中，"字重"既可以表示字体家族中某款字体（细体、半粗体、粗体等）里的笔画厚度，又可以表示包含斜体、小型大写字母和其他样式的变体。

一套字体和字符集

一套字体，或者按古英语的拼写，应为"fount"（泉水），后者源自"found"，意思是"浇铸"。在美式英语的拼写中，这个词现在普遍被视为字体行业的"基本个体"。简而言之，一套字体是字体家族中可出售的最小的那一部分。如果说得再简洁的话，字体是数字化手绘字形文件。

这听起来可能有几分含糊，但并非事出无因。"过时的"数字化字体格式，如 PostScript Type 1 在 Mac 和 Windows 计算机分别可以容纳 221 或 214 个数字轮廓（glyph），只允许一种样式。特殊的数字、小型大写字母、像希腊语或斯拉夫语这样的非拉丁文字，以及较不普遍的语言，如捷克语或冰岛语中的变音符（标音字母），其中每一种都要求制作单独的字体。

OpenType 字体（新标准）更加全面：一套字体可以容纳的字符集中的数字轮廓数目大约可达 65 000 个。这使得厂商可以在一套字体中容纳几种文字——像阿拉伯文、斯拉夫文，甚至是中文——而且还有小型大写字母、可选的数字、连体字母等。然而，由于字符集无法细分，所以它仍然是一套字体。

在 PostScript Type 1 和 TrueType 格式中，为文字设计上的装饰和额外部分制作单独的字体也很常见，如典型的具有花式书写笔形（主要指起笔和收笔）的字体，带有箭状物或装饰物的字体，等等。未来数年，你可能还会遇到这样的"专家"字体。在 OpenType 格式中，这样的额外部分已经成为标准字体的一部分。

这并不意味着每一种 OpenType 格式的字体都配备了所有这些特别吸引人的东西，而且不是所有的计算机程序都支持全面的字符集。微软办公软件（Word、PowerPoint 等）在这方面是最为著名的煞风景软件。但是，跨平台软件的一致性每年都在增长。

↙ TheSans 这套字体是卢卡斯·德赫罗特的 Thesis 超级字体家族中的无衬线体，下图显示的是其部分字符集。该示意图显示的其实是几年前的状态，每套字体包含约 1 500 个数字轮廓。完整的一套字体包含几乎所有使用拉丁字母的语言的变音符（标音字母）、斯拉夫语和希腊语字母，以及它们的小型大写字母及其特殊标点符号（如较小的"?"和"$"），9 种不同的 & 符号和 4 种 @ 符号，正文等高和不等高（古典体）数字、制表符、数学运算符、箭头和"装饰符"。许多数字轮廓已经增补进去，除了音标，还包括指示象形图和越南文的变音符号。另外还有 TheSans Arabic。TheSans 现在（2014）由近 6 000 个数字轮廓组成。

字体家族成员

家庭中的所有成员都有各自的任务，在字体家族中也是如此。卢卡斯·德·赫罗特［Luc(as)de Groot］设计制作的TheSans字体是一个包罗万象的字体家族，以下是对其众多成员的一个简要概述。

TheSans
TheMix
TheSerif

超级字体家族

所谓的超级字体家族是一个围绕着相同的基本设计而建立的极其广泛的字体系统，TheSans是这个超级字体家族的一部分。TheSans是无衬线变体，TheSerif是具有（粗）衬线的版本，而TheMix仅在选定的地方带有衬线，这使它变成一种"半衬线"字体。

ABCDEFGHJKabcdefghjk

大写字母与小写字母

字体家族中的每一种变体通常都含有两套最基本的字母：大写字母（majuscules）和小写字母（minuscules）。

TheSans
AaBbCcDdFfGgSsTtWwYyZzÁáÊêÑñÖöŠš@!

TheSans Italic
AaBbCcEeFfGgSsTtWwYyZzÁáÊêÑñÖöŠš@!

THESANS SMALL CAPS (SC) + SC ITALIC
AABBCCDDFFGGSSTTWWYYZZÁÁÊÊÑÑÖÖŠŠ@!
AABBCCDDFFGGSSTTWWYYZZÁÁÊÊÑÑÖÖŠŠ@!

罗马体、意大利体、小型大写字母

大多数正文字体家族包含多款字重（笔画的粗细）。在配备齐全的字体家族，如TheSans中，每一款字重均包含罗马体、意大利体，以及这两者的小型大写字母。当Thesis超级字体家族在1994年首次面世时，其中并不包括此后变得越来越常见的意大利体的小型大写字母。

TheSans Black Theodore gives up

TheSans ExtraLight Jackie tries again

TheSans ExtraLight · TheSans Light
TheSans SemiLight · TheSans Regular · TheSans SemiBold
TheSans Bold · **TheSans ExtraBold** · **TheSans Black**

Hairline H13
Hairline H31

字重

TheSans最初由从超细体到粗体的8款字重构成。后来补充的各种极细体是供大尺寸但精细的标题所使用的超细变体。字体家族中最重和最轻的字重（当然包括其极细体）通常都不大适合于正文。TheSans的中等字重——从半体到超粗体——是在正文尺寸（大约从7点到12点）下用得最多的。这些字重在大尺寸下也有很好的效果。

SemiCondensed · Condensed
XCondensed · XXCondensed · XXXCondensed

ABCDEFGHIJKLMNOPQRSTUVWXYZ
abcdefghijklmnopqrstuvwxyz
1234567980&()[ ]$£€#§@&+=!?

长体版本

许多字体家族（包括流行的字体，如 Helvetica）均包含长体和特长体的变体。这些变体会被冠以诸如 Condensed、UtraCondensed、Compressed 这样的名称。TheSans 长体特别丰富，还时髦地在字体名称中用"X"分级加以区分。

等宽

在等宽字体中，每个字母占用的宽度完全相同，就像在老式打字机上的字母。它们可以用来制作漂亮、样子有趣的大标题，但主要用于计算机代码的排版。

← 卢卡斯·德·赫罗特的 Thesis 字体在 1994 年首次发行，是有史以来最庞大的由一个人单独设计的字体家族。除了带有 8 款字重的 3 种变体（无衬线、衬线和半衬线）之外，这一字体家族也提供大量特别的变体，如小型大写字母，以及多种数字符号样式、箭头、图形符号和像 & 一样的符号库。在当时，PostScript Type 1 的字体格式因其能容纳的字符集有限，所以每款字重必须用多套字体来容纳所有这些东西，致使 Thesis 的第一次发布就具有多得吓人的 144 套字体。在 OpenType 体系下，每一款字重里的这些五花八门的东西都可以放在一套字体里。因此，此处所展示的这份字体清单，现在成了一份历史文献。

→ 字体的组合 100
→ OpenType 的特征 126
→ 数字 134

真假意大利体

aefgiv
aefgiv
aefgiv

↑ 马丁·马约尔（Martin Majoor）设计的 FF Nexus 字体有着基于书法形态的引人注目的意大利体。如此杰出的意大利体让任何无知的数字化生成的假斜体在版式中立刻无处遁形。从上至下：Nexus 衬线体 Nexus Serif，Nexus 意大利体 Nexus Serif Italic 和一个假斜体：由 Nexus 衬线体罗马体数字倾斜而来的。

意大利体通常在文字设计中起着辅助作用。如果采用罗马体的文本中出现了一个斜体单词，这意味着可能要发生特别的事情了。这个词可能是一本书或杂志的名字——在出版社的印刷体列表中，通常指定这样的名字应该采用意大利体。意大利体也能表达情感和强调语气，如"I am important so I want to get my way now!"（我很重要，所以今天我想随心所欲！）很多作者用意大利体字来表示外来词，这非常有用，有时候还会显得很有意思："Snobbish, moi?"（势利，说我吗？）或者"The French take a lot of fresh pain with their meals."（法国人在膳食中食用很多新鲜面包。）（pain 在法语中的意思是"面包"，但在英语中是"痛苦、疼痛"，所以这是一句俏皮的双关语，有揶揄法国人成天吃苦头不长记性的意思。——罗琮注）

这种以意大利体来区分的用法有着长得惊人的历史：早在 16 世纪，人们就在罗马体文本里面用意大利体来表示强调了。不过，意大利体最开始是完全单独使用的。字冲雕刻师弗朗切斯科·格里福（Francesco Griffo）为出版商 Aldus Manutius 制作了第一套意大利体，后者出版的小开本经典名著，也是最早印刷的平装书，通篇用的就是这种意大利体。

手写体

格里福雕刻的意大利体是对意大利人文主义者手迹的忠实复制。语源学对 italic 这个术语的解释就可以证明这一点。手写意大利体的另一个常见词是 cursive（草书体，源自拉丁语 currere，意思是"奔跑"），指的是连贯不止的书写，即大部分字母是在没有将笔抬离纸面的情况下写出来的。

几百年来，格里福雕刻的意大利体是所有意大利体的基本范式，甚至今天的大部分意大利体字体也保留着源自这一作品的书写特征。a、e、f 和 g 这 4 个字母的草书形式与它们的罗马体有最明显的区别，其他字母也有不同程度的差别。此外，字体的意大利体往往比罗马体更细、更窄。

真正的意大利体与倾斜的字体

简而言之，在很多情况下，意大利体的特征在于其独一无二的结构，而不仅是它并非直立的这个事实。但是，许多 20 世纪才发布的斜体只是其罗马体的倾斜（oblique）版本，其实并无书法特征。字体设计师与字体设计公司不乏这样做的理由，通常他们的首要动机是经济方面的原因。新的照相制版和生产流程使得人

直立的斜体：Joos 字体

Italique

由于意大利体的特征在于特别的外形，所以它们所倾斜的角度就没有这么重要了。因此，设计一款直立的意大利体，或者说以几乎感觉不到的角度，比如 1 或 2 度向右倾斜的意大利体是非常可能的。

↖ 朱斯·兰布雷克于 1539 年在他位于根特地区的印刷作坊里，用其独特的直立意大利体字体印刷的文本片段。

← 洛朗·布尔瑟利尔设计的 Joos 字体，以朱斯·兰布雷克雕刻的字体为基础，带有 0~2 度不等的倾斜角度。

其中一种最早的可被称为直立的意大利体的字体是由朱斯·兰布雷克（Joos Lambrecht）雕刻的，后者是 16 世纪时根特地区（佛兰德斯）的一个固执己见的印刷工。2008 年，年轻的法国字体设计师洛朗·布尔瑟利尔（Laurent Bourcellier）设计制作了这种字体的数字化版本，命名为 Joos。

马丁·马约尔设计的 FF Seria 和 Underware 公司设计的 Auto 3，是近年来新设计的主打直立意大利体特征的几款数字化字体。

们只要按一下按钮,就可以将罗马体字体倾斜10度或14度角,成为冒牌的意大利体。通过这种方式来排版斜体文本,甚至制作完整的字体,这明显意味着节省了相当大的设计成本。另外,这种做法存在先例。许多早期的无衬线字体,如 Akzidenz Grotesk,也没有"真正"的意大利体,这种趋势一直影响像 Helvetica 和 Univers 这样的现代无衬线怪物。字体设计师阿德里安·弗鲁提格(Adrian Frutiger)确信,带有书法特征的意大利体并不适合现代的无衬线字体,如他的 Frutiger 字体,他只制作了罗马体的倾斜版本。

在实践中,这样的斜向或倾斜的罗马体并不总是很理想:它可能缺乏冲击力,因为它与罗马体的区别不大。在无衬线字体的设计中,"真正"的意大利体自20世纪90年代初卷土重来。这个情况促使莱诺(Linotype)公司为其 Frutiger 字体家族的2000年版本 Frutiger Next,配置了真正的意大利体,然而它后来的一个版本 Neue Frutiger(它的制作得到了弗鲁提格本人的密切配合),又回到倾斜的罗马体的做法。

↑ 像 Garamond(上图)这种经典的意大利体,字母没有一致的倾斜度:轻微变化的角度给文本增添了活力和自主性。这一原理被当代的字体采用,如彼得·比拉克(Peter Bil'ak)设计的 Fedra Serif(下图)。

Hamburge — Frutiger Italic 1976
Hamburge — Frutiger Next Italic 2000
Hamburge — Neue Frutiger Italic 2009

Quickly jumping zebra
Quickly jumping zebra

Auto 1 *Quel fez sghembo ha*
Auto 2 *Quel fez sghembo ha*
Auto 3 *Quel fez sghembo ha*

← Bree 是由 TypeTogether 公司的韦罗尼卡·布里安(Veronika Burian)和何塞·斯卡廖内(José Scaglione)设计的直立无衬线字体,从意大利体借用了一些字形,例如 a、g、k 和 z(上图),但提供更传统的罗马体形式作为备选。

← 由 Underware 设计团队创作的 Auto 是一款清晰的当代无衬线字体,其罗马体可以结合3种不同的意大利体是它的独门武器。Auto 1 的意大利体内敛简约,Auto 2 是略为摇曳的意大利体,Auto 3 则是细节奇特的直立意大利体。

解剖字体：衬线与干树枝

衬线

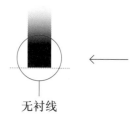

无衬线

字母许多部位的名称都是借用人和动物的身体部位来命名的：字臂（arm）、字腿（leg）、字眼（eye）、字腰（waist）、字尾（tail），同时还借用了其他领域的象征——字头（flag，原意为旗帜）、字干（stem，字母的垂直部分，原意为叶茎）、字碗（bowl，字母中的圆弧部分，原意为碗），以及作坊里的指示术语：上伸部（ascender，原意为上升器）、横笔（crossbar，原意为横木）、斜笔（diagonal，原意为斜线）。

在字体行业术语字典中，衬线（serif）可能是唯一从未在文字设计之外的领域被发现的单词。这个词的荷兰语为schreef。正如字体设计师赫里特·努德齐（Gerrit Noordzij）指出的，schreef是schrijven的过去式，意为写作；在他看来，这个词是指字冲雕刻师在一个未完成的字冲上标记笔画终点留下的划痕或线条；要是把schreef当名词看，它只是指主干或腿的末端。

在所有假设中，英语单词serif的词源都只能追溯至schreef这个模棱两可的荷兰术语——记住，直到进入17世纪后很长一段时间，英国的印刷商才从荷兰引进了字体和文字设计的知识。

因此，在假设"se-reef"肯定是法语的基础上，英语词汇"sans-serif"（无衬线，也写作sanserif）是一个有点儿荒谬虚幻的单词，这源于人们以为"se-reef"肯定是法语——结果它不是。无衬线的法语为"sans empattements"。最形象的术语是来自说西班牙语的地区，那里的人们把无衬线称为"干树枝"（palo seco）。

测量字体

↑ 线的粗细以点（point）来衡量，在现代的排版软件中也是如此。

这些线分别是0.3点、0.5点、1点、2点、4点和6点；在最右边这条线的宽度就相当于过去的1西塞罗。

	MM	DIDOT POINT	PICA POINT	DTP POINT
1 MM =	1.00000	2.65911	2.84527	2.83463
1 DIDOT POINT =	0.37607	1.00000	1.07001	1.06601
1 PICA POINT =	0.35146	0.93457	1.00000	0.99626
1 DTP POINT =	0.35278	0.93808	1.00375	1.00000

在图形世界中，字母的尺寸，也就是它字身的大小，习惯上以点（point）来测量：欧洲的迪多点数制（Didot point）和美国的派卡点数制（pica-point）。文字设计上的"点"在1700年左右发明于法国，替代了之前所使用的吸引人但不精确的尺寸名称。因为这是在法国发明的，所以其尺寸源自国王的鞋码。在差不多一个世纪之后，由有权势的印刷商弗朗索瓦-安布鲁瓦斯·迪多（François-Ambroise Didot）建立的系统中，国王的脚（Pied du Roi）有864点（point），即迪多点相当于大约0.376毫米——恰好比1毫米多了3个点。

在美国，点数制根据标准的美式英尺做了调整，从而产生了派卡点数制。1个派卡点约为0.3515毫米，12点为1派卡。

在数字文字设计出现之后，这两种传统的点数制被分数派卡或DTP派卡所取代。以1/72英尺（即1/6英寸，1英尺约为0.3米）为1个DTP派卡，等于4.233毫米；1个DTP派卡的1/12为1点，即大约为0.353毫米。当Adobe公司的PostScript编程语言采用了这个系统后，该系统很快就成为数字图形传播的一个标准。

在早期的数字化文字设计中，欧洲的图形行业竭力游说以十进制系统来取代旧有的点数制。这种做法本应很有效率，因为文档和图像的尺寸通常是用毫米来衡量的。但是事实证明传统势力很强大，点数制取得了胜利。许多受过传统训练的文字设计师——也许在更年轻的时候——仍然使用点数制来界定文档的大小和网格的比例。

英语语系的文字设计师会将10点缩写为"10pt"。派卡点数制中的"p"代表的是派卡，举例来说，如果在InDesign中选取派卡作为标尺单位，10点表示为"0p10"（0派卡，10点）。

欧洲的用户可能仍然会碰到被少数文字设计师所坚持使用的其他文字设计单位，其中最为普遍的是cicero（西塞罗），后者等于12个迪多点或1/6过去的法尺（法语为pouce），有点

全身正方形

← 全身正方形是一套字体的基本单元。它是一个虚构的正方形，它的边长与铅字的字身尺寸相等。在这幅示意图中，正方形边长为78点，大小与上面的字母一样。在PostScript Type 1格式中，这个正方形通常在垂直和水平方向各细分出1 000个单位，即总共100万个网格。

儿像英制的派卡。"西塞罗"这个单位以伟大的罗马政治家马库斯·图利乌斯·西塞罗（Marcus Tullius Cicero）的名字命名：1468年，印刷商潘纳特兹（Pannartz）和斯韦海姆（Sweynheim）在由他们出版发行的西塞罗的《书信集》（Ad Familiares）上使用了12 pt（1西塞罗）的字体。

铅字的影响

有关文字的思考在很大程度上仍然依赖于那些古老的使用铅活字进行排版和印刷的技术，因此仔细看看一些细节还是有意义的。

一套字体中的所有字符坐落在同等深度的矩形块上：这个深度为字体的字身尺寸或点值，它还定义了最小的行距。要增加行与行之间的距离，可以添加额外的铅条（leading）——事实上这种金属条更多的是铜，而不是铅。

矩形的宽度——通常对每个字符而言是不同的——定义了字符宽度和最小的字母间距。和行距一样，字母间距也能用金属条来增加（或者使用纸张进行精密微调），但是无法减少。这方面的例外只有一种情况：为了避免那些容易导致和下一个字母产生间隙的悬垂的形状，例如小写字母"f"中的弧线，字体制造商会调整该字母的字偶间距，使悬垂的部分从字身伸出，并落在下一个字母上。这就是"字偶间距"这个词的本义，在数字化文字设计中，用来描述所有对两个或更多字符之间的标准字距的修正。

→ 字体的对比 68
→ 连体字母 130
→ 排版 162

字体的对比

为海报或书籍封面选择一种标题字体时，设计师拥有很大的自由。为正文选择字体时，可选的范围则比较狭窄，尤其是在购置成本及其（经济）效益成为决定因素的情况下。尽管所有封面字体也可以供篇幅较长的文本使用，但它们两者的特征有天壤之别。除此之外，虽然有些字体打广告或在字体网站上表示适合正文或书籍封面，但事实上它们远远没这么理想。例如，有些字体仅在12点及更高点值时效果良好，这是因为它们太过纤细，以致在尺寸较小时，阅读起来很不舒服。也有可能这些字体是为在显示器上使用而设计的，但由于那些视时尚比阅读舒适性更重要的平面设计，也能成为正文字体流行起来。简而言之，想要选择外观漂亮又有最佳表现的正文字体，做测试是唯一能让你变得果决的方法。你可以独自完成，或者让熟人和亲戚参与（最好不是同代人）。如果一定要比较不同的字体，盲目地将所有字体设置成相同的点数并不高明——一定要在屏幕上放大字体，确保字母的x高一致。

点数值与x高

当我们讨论一个12点的字符时，我们谈论的是什么？正如在前一页所见，点或字身尺寸（body size）习惯上指的是用来浇铸字体的铅块。所以，上伸部和下伸部的长度也是字身尺寸的一部分。这个长度是保持不变的。在同一尺寸中，带有上伸部和下伸部较长（因此x高就会相对较小）的字母看起来就会比那些延伸部较短（x高会较大）的字母小一些。

此外，数字化设计技术提供了更大的灵活性，以便在虚拟的字身高上调整字符尺寸，使其显得更小或更大。举个例子，这里有两套荷兰的当代字体：FF Seria（上伸部和下伸部非常明显）和PMN Caecilia（x高和"字面"比较大）。

PMN Caecilia 48 点　　　　　FF Seria 48 点

→ 哪种字体更有效，大的x高还是小的？答案并不像看上去那么明显。在实践中，正文字体字身选择与视觉特性有关，包括x高。一个字母的有效性（即在特定的区域，由一定数量的文本展现的易读性）更多地取决于其他因素——例如字形设计得如何，它们的形是否更宽、更开放等。

Murciélago
PMN Caecilia 18 点

Murciélago
FF Seria 18 点

Murciélago
PMN Caecilia 16 点

Murciélago
FF Seria 22.8 点

Ex et, officip suntotatur susapictota dolum laut plibus idel ium a quam, sita volut officat empeles porestrum et laborum harum quam rem in coriberat fuga. Xim quiatate venimus dendist, non pe molorae stiorerro blaborio.
PMN Caecilia 55 (Regular) 8 点

Ex et, officip suntotatur susapictota dolum laut plibus idel ium a quam, sita volut officat empeles porestrum et laborum harum quam rem in coriberat fuga. Xim quiatate venimus dendist, non pe molorae stiorerro blaborio.
FF Seria Regular 11 点

阅读测试

下面有 6 套字体，分别是带有古典体比例的衬线正文字体和无衬线正文字体。它们都设置得相当紧凑，都是左对齐。每套字体的字身尺寸都做出调整，以便文本排列的行数相同。并且，它们的 x 高也相似。哪些字体最具可读性？哪些令人扫兴？底部的那一排是 3 个对齐好的文本块，除了行距外，其他设置完全一样。

The *clear* and *readable* effect of the old-style roman text letter is produced not so much by its angular peculiarity, or any other mannerism of form, as by its relative monotony of color, its thicker and shortened hair-line, and its comparatively *narrow and protracted body mark*.

An over-wide fat-face type that *emphasizes* the distinction between an over-thick stem and an over-thin hairline, necessarily destroys the most characteristic feature of the oldstyle letter. It then becomes necessary to *exaggerate* the angular mannerisms of the style.

一种 16 世纪经典字体的数字改刻版：
Adobe Garamond Pro，9/11

The *clear* and *readable* effect of the old-style roman text letter is produced not so much by its angular peculiarity, or any other mannerism of form, as by its relative monotony of color, its thicker and shortened hair-line, and its comparatively *narrow and protracted body mark*.

An over-wide fat-face type that *emphasizes* the distinction between an over-thick stem and an over-thin hairline, necessarily destroys the most characteristic feature of the oldstyle letter. It then becomes necessary to *exaggerate* the angular mannerisms of the style.

当代的正文字体设计作品：
Vesper Pro 8/11

The *clear* and *readable* effect of the old-style roman text letter is produced not so much by its angular peculiarity, or any other mannerism of form, as by its relative monotony of color, its thicker and shortened hair-line, and its comparatively *narrow and protracted body mark*.

An over-wide fat-face type that *emphasizes* the distinction between an over-thick stem and an over-thin hairline, necessarily destroys the most characteristic feature of the oldstyle letter. It then becomes necessary to *exaggerate* the angular mannerisms of the style.

一种 20 世纪改刻字体的数字版：
Bauer Bodoni 9/11

The *clear* and *readable* effect of the old-style roman text letter is produced not so much by its angular peculiarity, or any other mannerism of form, as by its relative monotony of color, its thicker and shortened hair-line, and its comparatively *narrow and protracted body mark*.

An over-wide fat-face type that *emphasizes* the distinction between an over-thick stem and an over-thin hairline, necessarily destroys the most characteristic feature of the oldstyle letter. It then becomes necessary to *exaggerate* the angular mannerisms of the style.

大约设计于 1890 年的工业化的无衬线字体：
Akzidenz Grotesk 8.5/11

The *clear* and *readable* effect of the old-style roman text letter is produced not so much by its angular peculiarity, or any other mannerism of form, as by its relative *monotony* of color, its thicker and shortened *hair-line*, and its comparatively *narrow and protracted body mark*.

An over-wide fat-face type that *emphasizes* the distinction between an over-thick stem and an over-thin hairline, necessarily destroys the most characteristic feature of the oldstyle letter. It then becomes necessary to *exaggerate* the angular mannerisms of the style.

当代的人性化无衬线字体：
LF TheSans 8/11

The clear and readable effect of the old-style roman text letter is produced not so much by its angular peculiarity, or any other mannerism of form, as by its relative *monotony* of color, its thicker and shortened *hair-line*, and its comparatively *narrow and protracted body mark*.

An over-wide fat-face type that *emphasizes* the distinction between an over-thick stem and an over-thin hairline, necessarily destroys the most characteristic feature of the oldstyle letter. It then becomes necessary to *exaggerate* the angular mannerisms of the style.

基于 20 世纪 60 年代手绘体的几何无衬线字体：
AvantGarde，7.5/11

The *clear* and *readable* effect of the old-style roman text letter is produced not so much by its angular peculiarity, or any other mannerism of form, as by its relative *monotony* of color, its thicker and shortened *hair-line*, and its comparatively *narrow and protracted body mark*.

An over-wide fat-face type that *emphasizes* the distinction between an over-thick stem and an over-thin hairline, necessarily destroys the most characteristic feature of the oldstyle letter. It then becomes necessary to *exaggerate* the angular mannerisms of the style.

Chaparral Pro, 8.5/13

The *clear* and *readable* effect of the old-style roman text letter is produced not so much by its angular peculiarity, or any other mannerism of form, as by its relative *monotony* of color, its thicker and shortened *hair-line*, and its comparatively *narrow and protracted body mark*.

An over-wide fat-face type that *emphasizes* the distinction between an over-thick stem and an over-thin hairline, necessarily destroys the most characteristic feature of the oldstyle letter. It then becomes necessary to *exaggerate* the angular mannerisms of the style.

Chaparral Pro, 8.5/11.5

The *clear* and *readable* effect of the old-style roman text letter is produced not so much by its angular peculiarity, or any other mannerism of form, as by its relative *monotony* of color, its thicker and shortened *hair-line*, and its comparatively *narrow and protracted body mark*.

An over-wide fat-face type that *emphasizes* the distinction between an over-thick stem and an over-thin hairline, necessarily destroys the most characteristic feature of the oldstyle letter. It then becomes necessary to *exaggerate* the angular mannerisms of the style.

Chaparral Pro, 8.5/10.2（在 InDesign 中行距设置为"自动"）

→ 选择字体　98
→ 行长与行距　116

字体分类

像动物和植物一样，字体划分有等级和种类，为的是便于识别，并能开展讨论。一些设计师发现，在同一件平面设计作品中结合多种字体时，分类是一种有效的应急手段。

在人们普遍接受的分类中，如马克西米利安·沃克斯（Maximilien Vox）的归纳（大约于1954~1955年，见下文），把正文字体或"主力"字体作为关注的重点。经典的封面衬线字体受到了特别的关注，沃克斯为这种类型贡献了不少于4种单独的门类。至于大多数其他字体，例如手写体或非常规的展示字体，尚无人尝试划分子门类。当然，这种情况离不开以下事实，即比起其他视觉传达设计形式，沃克斯这一代的文字设计师往往将严肃的书籍文字设计看得更重要。

当选择并评价字体时，有一套公认的术语仍然是有意义的。今天最常见的做法是混合使用传统分类和各种各样的特定术语。这几页介绍了丰富而复杂的字体行话，还介绍了各种字体的历史背景。

仍然切中肯綮：ATypI / Vox 分类法

法国文字设计师兼字体历史学家马克西米利安·沃克斯，笔名为塞缪尔·莫诺（Samuel Monod），大致在1954~1955年发明了一种将字体分类的新方法。沃克斯的提案回应了当时对清晰分类的渴求。尤其是在法国，这里的文字设计术语既无条理，又含糊不清，像Labeurs [意近英文的"主力"（workhorse）]、"elsevirs"和"antiques"这样的法语名称并无多少历史沿革，却总是交替使用。为了取代在法国和国际上使用的这些名称大杂烩，沃克斯以不同字体种类的历史背景编撰了一系列虚构的新名称来指代。因此"Humane"变成起源于意大利人文主义的字体的名称，"Garalde"是取自名人加拉蒙（Garamond）和阿尔杜斯（Aldus）的名字缩写，"Reale"暗指了路易十四（Louis XIV）的政权，他曾下令为他的皇室印刷所设计Romain du Roi字体。

沃克斯的分类系统获得了成功：国际文字设计协会——ATypI——采纳了这个系统，然后做了微小的改动。这个系统现在依然存在，为许多文字设计手册所推荐，虽然就当前的形势来讲，它表现出相当大的不足（稍后详细说明）。2011年年中，几个ATypI年轻的会员开始调研使用现代技术标签来升级这套分类系统的可能性。

在对面这一页的概述里，我们采用了Vox分类的常见英语翻译。

↑ 公布Vox字体分类法的原始小册子的扉页。由卢尔会议（Rencontres de Lure）的赞助者出版，该会议是1954年在普罗旺斯的卢尔镇（Lurs）由Vox组织的年度会议。

字体的分类与历史

文字设计师和平面设计师在描述字体时，往往会混用不同的术语。以下是Vox分类法的说明，以及其他和这些门类名称同义的术语。

ATypI / Vox 分类法　　　　　　常见名称

Humanes 型以最早的罗马体为基础，源于人文主义者的手写体，大约于1470年首次出现在威尼斯。它有一个典型的特征：字母"e"带有一个斜的横笔。
Garaldes 型遵循了由巴黎的克劳德·加拉蒙（Claude Garamond）、威尼斯的阿尔杜斯·马努提乌斯及其16世纪和17世纪的继承者们所使用的罗马体字规范。

Humanes 型和 Garaldes 型之间的差别很细微，对当今的实际情况没有多少用处。它们通常被统称为古典体（或人文体）oldstyle、文艺复兴人文体 Renaissance oldstyle，或文艺复兴体 Renaissance-Antiqua（源自德语用法的影响）。有些作家使用 Mediaeval 指代 Humanes——主要基于 Jenson 作品的字体。（→第80页）

Edgefirst — Humane: Jenson

Edgefirst — Garalde: Garamond

Reales 型是在18世纪时由文艺复兴和巴洛克样式发展而来的字体。它们更加正规，并有相当明显的垂直轴线。

作为理性主义的 Didone 风格的前奏，这类字体往往被当作一种过渡体。这多少有点儿不公平，因为这是一种熟练的风格，并没有"中间类型"的感觉。（→第82页）

Edgefirst — Reale: Baskerville

Edgefirst — Reale: Arnhem

Didone 型指的是巴黎印刷商迪多特（Didot）家族，以及来自帕尔马的詹巴蒂斯塔·博多尼（Giambattista Bodoni）。他们创作于1800年左右的字体以清晰的线条、纤细、直线衬线和强烈的垂直笔画粗细调节为特征。

这种类型在英语中最常见的用名是19世纪使用的绰号"现代体"（modern face）。历史上也恰当地使用经典体"classicistic"来称呼。赫里特·努德齐的理论（→第72页）的倡导者们主张使用"尖头体"（pointed-pen-typefaces）。（→第82页）

Edgefirst — Didone: Bodoni

Lineales 型是 Vox 分类法中对所有无衬线字体的命名，跟这些字体的构造无关。这是 Vox 的分类中完全站不住脚的一种类别。

在19世纪，"grotesque"和"Gothic"这两个名称在英语中表示不同的变体。它还有助于区分诸如人文型和几何型无衬线字体。（→第93页）

Edgefirst — Geometric sans: Futura

Edgefirst — Humanist sans: TheSans

Mecanes 型的粗细笔画之间及其与坚固笔直的衬线之间的笔画粗细对比不强烈。在沃克斯所处的时代，这些字体通常带有一种几何的、机械的结构，因此得名。

埃及体（egyptian）这个在19世纪使用的名称，在今天仍然很常见。最常用的术语是粗衬线（slab-serif）。与区分无衬线字体一样，也能区分人文型和几何型粗衬线。（→第84~85页）

Edgefirst — Geometric slab-serif: Rockwell

Edgefirst — Humanist slab-serif: PMN Caecilia

Glyphic 型让人联想起那些雕刻在石头上字体。典型的特征是，主干带有些许锥形（在中间更为狭窄）。

还有其他几个术语：incised、glyphic、flare serif。有时也会遇到源自法语的术语 lapidary。

Edgefirst — Glyphic: Optima

Manuares 型是一个涵盖性术语，指代各种源于手写体的字体，例如安色尔体和哥特体。Scritps 型是指所有看起来像是手绘或画出来的字体。

最好把黑体和安色尔单独分类。对于 Scripts 型而言，其英语术语在使用中纳入了大量的子类型：笔刷手写体（brush script）、铜版手写体（copperplate script）、正规手写体（formal script），不一而足。（→第76页、第100页）

Edgefirst — Uncial: Libra

Edgefirst — Brush Script: Bello

Edgefirst — English Roundhand: Bickham Script

沃克斯没有设置单独的类型处理超出传统类别的字体，这些字体最终全部放在一个贴着"其他"或"异常"标签的大袋子里。然而，对这些字体进行更细致的分类是完全可以做到的，这样的话，我们就知道我们所讨论的是什么了。（→第73页、第86~89页）

通过书写工具来分类

最早的印刷字体是对手写字母的模仿，在后来的字形中，手写体的许多特征被保留了下来。荷兰的文字设计师和教师赫里特·努德齐甚至主张，在用手写和用字体"写"之间没有本质的区别。因此，他将文字设计定义为"用预制的字母来书写"。努德齐设计出一个简单的字体分类，依据形成字形的工具（直接或间接）细分字体。

笔画粗细对比

努德齐理论的关键因素在于对字母的粗细笔画之间的对比，也被称为对比（stress）或调节（modulation）。在传统的文本字符中，这种笔画粗细对比可以是倾斜或垂直的。那些斜向笔画粗细对比强烈的字体起源于扁头笔的书法，而那些沿垂直方向展现笔画粗细对比的字体则根植于尖头笔书法。努德齐将这两种有区别的字体对比称为平移型（translation）和扩展型（expansion）。在旁边的示意图中，对这些术语有更详细的解释。

除了基于笔画粗细对比的细分类别之外，还有另一种基于内部结构的分组：断笔型（interrupted）与连笔型（cursive）。在第一种书写方式中，写下每一笔之后，笔会短暂地提离纸面；在连笔型中，字母是在连续的运动中写就的。这些书法风格的痕迹，仍然能在许多为印刷而设计的字体中发现。把这两组变量分别沿一根轴线展开，就产生了一个非常简单的带有4种主要类别的分类系统，如右边的图所示。

平移型

使用扁头笔书写时，笔尖以一个恒定的角度划过纸张。从左下角划至右上角的笔画是最纤细的（扁笔头的厚度）；从左上角划至右下角的笔画是最粗的（扁笔头的宽度）。在纸上绘制直线或曲线时，笔的前方沿着手的移动路径来运动，写出来的笔画会自然地由宽过渡到窄。可以这么说，这条由笔尖前方相互作用形成的线条投射成字母的不规则形状。这在数学上被称为过渡。（上图为赫里特·努德齐使用软笔书写的字母。）

扩展型

使用尖头笔书写时，会发生完全不同的情况。笔画粗细之间的对比不是由运动的线条引起，而是施加在笔上的压力引起的。尖头笔的尖端是裂开的，当这两半在压力的作用下分开时，笔画就会变宽。书法专家以精湛的技艺控制笔画的曲折变化。由于他们并没有以恒定的角度来握笔，笔画粗细对比的方向可能会变化，但当从上而下书写时，会不由自主地施加更多的压力在笔上，感觉很自然，因此，此种类型的笔画粗细对比主要是垂直的。

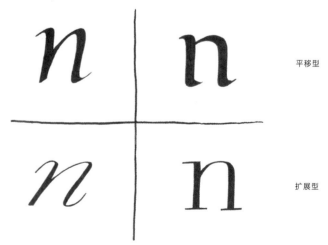

平移型

扩展型

连笔型　　　断笔型

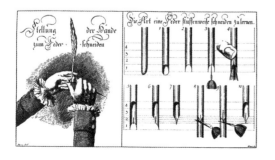

新字体、新种类

FontFont 类别

要给非传统的字体分类时，像沃克斯提出的那种分类法起不到多少作用。在FontShop公司的早期阶段，其FontFont字体库的收藏尤以实验字体闻名。为了带来一些疯狂的方法，于尔根·西伯特（Jürgen Siebert）和埃里克·斯毕克斯曼想出了一个分类法，就像字体本身一样的不寻常的分类法。所有严肃的正文字体，不管有没有衬线，从古到今都被归放到"Typographic"这一个类别下。另外，FontFont字体库里的许多非常规字体（通常是展示字体），按照形式设计原则、目的概念或动机可被分为不同的类别：ironic、historic、intelligent、destructive 等。这种游戏似的分类后来得到简化，但它仍然是一种试图为20世纪90年代初期诸多字体设计策略找到某些意义的相关尝试。

FontFont 的分类法，1996 年

FF Balance Celeste Dax Meta Quadraat Scala Scala Sans

排版型（Typographic）

从古典体风格到现代风格，每一款字体都可以用于严肃的正文及标题，无论是否有衬线。

FF Amoeba Blur Harlem MoonbaseAlpha Penquin Rekord

无序型（Amorphous）

"Amorphous"的意思是"形状不明"，这是一种探索字体设计前沿的字体类别。往往呈现叛逆或无秩序的状态，有些字体放在"Destructive"类别中也很自如。

FF BerlinSans Liant Brokenscript Humanist DISTURBANCE LUKREZIA

历史型（Historic）

FontFont字体库也有重新流行起来的字体：从装饰艺术风格的Berlin-Sans到对15世纪印刷和手写字母进行数字化的字体。杰里米·坦克德创作的Disturbance是一款混合了大小写字母形状的字体，可能属于"Ironic"类型，而不是"Historic"类型。

FF Atlanta DirtyThree DirtySevenOne Fudoni Schmelvetica

解构型（Destructive）

其他用来表示"Destructive"型字体的术语是"deconstructive"（解构）和"grunge"（垃圾摇滚）——前一个术语引自法国哲学，另一个引自摇滚音乐。许多这样的字体是现有字体的重新混合：采用扭曲滤镜，或者是两种有对比的字体的"混搭"（Fudoni=Futura+Bodoni）。

FF Dome DotMatrix Gothic Isonorm3098 Minimum Scratch Tokyo

几何型（Geometric）

使用标尺和圆规来构造的实验字体，像内维尔·布罗迪（Neville Brody）、麦克斯·基斯曼（Max Kisman）和皮埃尔·迪·休洛（Pierre di Sciullo）这样的设计师创作的字体。

FF Cavolfiore KARTON Dolores DYNAMOE Knobcheese Trixie

讽刺型（Ironic）

这是些半开玩笑的字体：示意的、故意显得很草率或以日常生活的零碎字母为基础，例如那些来自各种图章、打字机或标签打印机的字母。

FF Advert Rough Baukasten Kipp Kosmik Primary Beowolf

智能型（Intelligent）

在FontFont中，第一种这样的字体是Beowolf，它在输送到打印机时"随机"执行手迹，这样每个字母都会有不同方式的扭曲。Kosmik也有一种嵌入的随机函数。其他"智能字体"还允许多色分层堆叠。

FF CHELSEA DuChirico DuGaugain ErikRightHand JustLeftHand Instanter

手写型（Handwritten）

跟Beowolf、Kosmik和Trixie这样的字体一样，FF Hands是一个由两人组成的LettError字体工作室创造的，是荷兰人埃里克·范·布劳克兰（Erik van Blokland）和尤斯特·范·罗苏姆（Just van Rossum）笔迹的数字化版本。该类别也包含了广告手写体和受手写笔迹启发的展示字体。

旧瓶装新酒

Ovink：重新演绎

Ovink 字体是对建筑师克努兹·V. 恩格尔哈特（Knud V. Engelhardt）设计的字母重新展开的当代演绎，他是在字体设计方面丹麦学派的奠基人之一。设计师索菲·贝耶尔（Sofie Beier）研究了恩格尔哈特在1926-1927年为哥本哈根郊区根措夫特市（Gentofte）设计的路标上的字母系统。她自由地演绎恩格尔哈特的图样，把这套字体扩充成一个适用范围十分广泛的字体家族，并在9款字重中设法维持20世纪20年代大胆的设计精神。这款字体的名称与丹麦的关系不大，事实上，它敬仰的对象是威廉·奥温格（Willem Ovink），一个对功能性和易读性颇有建树的荷兰学者。贝耶尔的作品也受到了易读性方面的学术研究的启示。

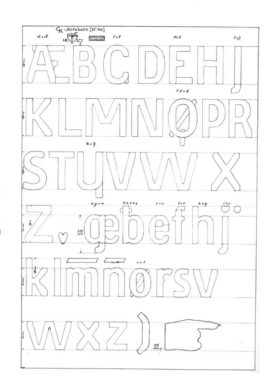

↑ 原稿，1927年
← 演绎版本，2011年

自印刷术发明以来，西方文化中的每一个时代都有最受人们喜爱的字体类型。那些不再流行的字体被无情地熔化为铅液，去铸造成新的字体（或者战争时期的子弹）。在过去约60年里，这种做法已经没有必要，但是因为过去一个世纪里技术快速地更新换代，许多字体有消失的危险，有关这些字体的知识也面临着同样的问题。

过去的几十年也带来了改变，越来越多的人意识到字体设计是我们文化中一个极为重要的方面。网络促成了"字体狂热"的激增，世界各地成千上万的字体极客使用社交网络来交换信息和了解最新的（重新）发现。其中许多极客都是字体设计师，不管有没有深入地研究历史，他们制作了过去的字体和绘制文字风格的数字化版本。

全面回顾

这把我们带到了一个独特的情况中。在文字设计历史上，我们对在过去几个世纪中制造的活字第一次有了一个几乎完整的概述。每一个时期都有字体得到积极运用。此外，作为后现代文化的特征，我们在关于哪种风格"正确"或"错误"的问题上一视同仁：原则上，任何一种操作方式，过去的任何风格都是灵感的合法资源。形式上再也没有任何意识形态权威，只存在个人的喜好。

当然，只有一部分新的数字化字体是以过去设计的字体为基础的。字体设计师每天在创造他们自己的独创字形。他们经常引用不同时期和不同传统的元素，融以当代技术和眼光。在有些情况下，字体设计师会被一种现存字体中的某一特质激发，创造出具有开拓性的当代形式。

字体改刻和数字化

ctaffe tum montem magno ftrepo cendia caliginofa, et perurentes fupra os, quantum fagitta quis mi iel eò amplius, infurgentes: atq; eu uti corpus uiuens, non perflaffe fei

montem magno strepore caliginosa, et perurentes supra os, quantum sagitta quis vel eo amplius, insurgentes: corpus vivens, non perflasse

← 彼得罗·本博的《埃特纳火山游记》（De Aetna）的原稿复印件细节，由威尼斯印刷商 Aldus Manutius 出版于1495年，字体由弗朗切斯科·格里福雕刻。右边是采用数字化 Bembo 重新排版的单词，可以看到，在适当的地方用"v"代替了"u"，中世纪的长"s"被常规的"s"所取代。1929年，蒙纳公司推出的 Bembo 以原创的、铅与火时代的金属活字为基础，成为一款成功的书籍字体，流行数十载。但发布于20世纪80年代的数字化版本显得要细得多。这个版本不仅不怎么漂亮，还存在太过纤瘦的问题，设置为小字号时尤为明显。显然，根据过去大字号字样复刻的字体对于总是采用小字号的正文而言过于纤细。如今，改刻字体根据古老的印刷样本原件重新来设计，所以显得更为结实。

改刻字体（Revival）是指为那些已经弄不到的字体——无论是因为原来的字体厂商已经消失，还是因为制造这种字体的技术被淘汰——所创作的新版本。改刻字体不一定是某种旧式活字的复制版。像16世纪的克劳德·加拉蒙或18世纪的詹巴蒂斯塔·博多尼这样的字冲雕刻师，从未制作过名为"Garamond"或"Bodoni"的字体。那时的字体以类别或技术来命名，可以表示一种尺寸，例如 Paragon 字体（Paragon 大约为18点）；或一种风格，例如 Inglese 字体（Inglese 意为英文手写体）。

最早的 Bodoni 和 Garamond 改刻设计于20世纪初期，它们并非基于单一的字范，而是以作品整体为基础，在这个基础上提炼出"理想的"字体。对于 Garamond 这套字体，甚至存在严重的误解：被阿特丽斯·沃德发现，最成功的 Garamond 改刻版本所依据的字体，实际上是由大约50年后的让·雅农（Jean Jannon）设计的。

变化的技术

改刻字体经历了种种技术上的变化：从金属活字到照相排版，从早期的数码机器到桌面印刷。一些字体在这些适应过程中受损，例如 Bembo 和 Van Dijck 等蒙纳公司出品的经典复刻字体，其早期的数字化版本过于纤细；新技术的某些特性——数码排版的精确度、现代胶印的清晰度——没有得到充分考虑。

使20世纪早期数字复刻字体变得棘手的地方在于，数字化字体是可以缩放的：一种字体可以在任何尺寸下使用，从超小到巨大。在过去，字体被刻出来是有真实尺寸的。大号字体的细节更丰富，小号字体的笔画粗细对比较少，但更强壮。缩放这些基于古代字范的字体，不可避免地具有不足的因素——除非它们以特定的视觉尺寸（optical size）来设计。（→第96页）

Baskerville & *Italic*   BERTHOLD
J Baskerville & *Italic*   FRANTIŠEK ŠTORM
J Baskerville Text & *Italic*   FRANTIŠEK ŠTORM
Baskerville No2 & *Italic*   BITSTREAM
Mrs Eaves & *Mrs Eaves Italic*   EMIGRE
Mrs Eaves XL & *Mrs Eaves XL Italic*   EMIGRE

← 虽然所有这些数字化字体都是基于18世纪约翰·巴斯克维尔（John Baskerville）的设计，但没有两款是完全相同的，有些甚至差异很大。每一位设计师以不同的方式来处理原始资料。Bitstream 字体公司基于大字号的 Baskerville 出品的这套字体，注定适用于大标题（烫印的标题）。Berthold 是一种折中字体，为用于正文和标题而设计。弗朗齐歇克·施托姆和苏珊娜·利奇科（Zuzana Licko）两人设计的字体版本更加粗壮，非常适合用于正文。这两款改刻字体以原始的 Baskerville 的印刷样本为基础，是一种全新的研究。

→ 正文字体　94
→ 视觉尺寸　96
→ 字体与技术　159

古登堡之前的"字体"

拉丁字母的史前史很迷人。这让人回想起苏美尔人的象形文字,在公元前3000年的时候从这些象形文字中发展出抽象符号。这段历史已经在众多书籍和网站上以种种扣人心弦的方式一再叙述。在这里,我的讲述将限于创造了我们文明的书写系统——拉丁字母。在这些各种各样的手稿中,那些为在羊皮或纸张上书写或在石头上雕刻而设计的众多字母,在今天仍然有重大意义。这个双面跨页呈现的是从公元纪年至公元1500年一份非常简洁的书写类型选集。

→ 采用Trajan字体的虚构电影片名。

↓ 除了诸如图拉真柱这样的著名纪念碑外,保存完好的古罗马石雕的范本没有几千个也有几百个。这里是一个刻有铭文的不太著名的纪念碑原样。

古罗马大写字母石碑体,好莱坞的宠儿

在我们的拉丁语书写传统之初,是古罗马人发展了希腊字母的大写字母。刻在大理石上的古罗马大写字母石碑体(capitalis monumentalis)是古罗马帝国共同的字体——这是一种令人印象深刻的权力标志,被雕刻在地标和里程碑上,深达古罗马帝国最遥远的角落。

衬线字体的历史开始于古罗马大写字母体。神父兼学者爱德华·卡蒂齐(Edward Catich)认为衬线字体是石刻准备工作的副产品:字母画师用一支平刷在大理石上画出字形,每一笔画以突出的笔触结束,这种笔触即为衬线。

好莱坞喜欢古罗马大写字母石碑体——至少在过去的10年里是这样的。迄今为止,电影片头里最常用的字体是Trajan,这是卡罗尔·通布利(Carol Twombly)为Adobe公司设计的。这种字体源自罗马图拉真柱(Trajan column)上的刻字,这是古罗马大写字母体中最为出名的样本。

通布利设计的字体版本遵从纪念柱上的字母比例,突出宽字母和窄字母(基本上分别是一个和半个全身字符的宽度)之间的节奏,虽然Trajan字体的衬线更长,而该字体的"N"更为狭窄。略微大些的"字首大写字母"肯定是由他或是Adobe公司的字体总监创造的。它们非常不像古罗马字体,不过用在海报上真的很漂亮。

古罗马手写体:大写俗体、安色尔体及半安色尔体

为了在纸莎草纸或羊皮纸上书写,以及在墙上刻画,古罗马人发展了纪念柱字母的通俗版本,例如细长的大写字母(capitalis rustica),是用粗芦苇笔书写的。这一字形逐渐变得更为圆润,在大约4世纪时出现了一种风格,从中已经能觉察出有几分像我们的小书写体(小写字母)——安色尔字母(uncial)。随后出现的一个变体,即半安色尔字母(half-uncial),它带有很长的上伸部和下伸部——是我们使用的小书写体的一个更为明显的前兆。

这些字体发展出盎格鲁-撒克逊字母。爱尔兰的安色尔字母被频繁使用于苏格兰最古老的语言盖尔语文字,并能在爱尔兰每个地方的路标上看到。

↑↑ 半安色尔字母一直被普遍使用到9世纪为止。

↑ 一些当代字体设计师再次探索了安色尔字母的形式,如安德烈亚斯·施特茨纳(Andreas Stötzner)创作的Lapidaria。

卡洛林小写体：我的王国的字母系统

古罗马的安色尔字母和半安色尔字母在好几个欧洲国家中得到采用并发展。大约从公元800年开始，出现了一个可能对中世纪所有手写体最具影响力的系统：卡洛林小写字母（Carolingian minuscule）。查理曼大帝希望通过引进一套统一的、易读的手写体来促进他那个巨大帝国的文化统一，能被所有地区使用和理解。这套字体正是以他的名字命名的（Carolin一词来自拉丁语Carolus，即Charles。——刘钊注）。这一改革背后的推动力来自英格兰学者约克的阿尔昆（Alcuin of York），查理钦点他来主管宫廷学校和缮写室。

卡洛林小写体是第一种完全成熟的手写体，它使用了大写字母和"小写体"（lowercase）字母的双字母系统，所有后来的小写体字母表都能追溯到卡洛林小写体。这种手写体很圆润，间隔较大，并且很清晰，至今仍然受书法家的欢迎。

不仅字形本身有革新，卡洛林缮写室构造文本的方式也有革新。这是字距首次在欧洲大陆（爱尔兰人在这之前已经做过）得到大范围的应用。直到那个时候，单词之间还没有用空格隔开，像根线一样被串在一起。

人文主义手写体：一个意外的惊喜

从13世纪开始，卡洛林小写体被一种新的、方形的手写体——哥特体（Gothic）或断笔手写体（broken script，亦称为黑体，blackletter）所取代。下一页对它有更详细的描述。当哥特体——一种用从鹅毛切出来的宽头笔书写的笔迹——占领欧洲时，在意大利则遭到了阻力。意大利的学者和诗人（后来的历史称他们为"人文主义者"）研究了古典时期的文学和哲学。他们知道构成这些作品的手稿由人亲手书写，它们表现出来的开放程度和作者的清醒度相当符合。这些人阅读的实际上是9~12世纪之间用卡洛林小写体的不同变体抄写的文本，然而意大利的人文主义者认为这就是古罗马作家的手迹。

所以从彼特拉克（Petrarch）的时代开始，在意大利发展的人文主义手写体并不是人文主义者所认为的那样，是古典书法的再生，而是查理曼时代的小写体的一种"复兴"。多亏这种误解，意大利创造出一种新的、清晰的书写风格，并在一个多世纪以后成为威尼斯和罗马的印刷商所追求的范例，因为他们正一心要跳出僵硬的德式哥特体的樊篱。

→ 一份15世纪早期手稿中人文主义手写体的样本。从大约1470年开始，这种书写风格在威尼斯成为罗马体活字雕刻的革命性典范。

断笔手写体（黑体）

↑ 1984年，美国导演罗布·赖纳（Rob Reiner）制作了讽刺性的"摇滚纪实片"《摇滚万岁》（This Is Spinal Tap），讲述了一个虚构的重金属乐队的兴衰。即使在那时，哥特手写体（在这里使用的是一种类似喷枪处理效果的变体）在硬摇滚舞台上也是一种被高度认可的套路。它们必须把这样的知名度归功于某种多因素的综合——中世纪神秘的低音——到雕刻得很锋利的形状。或许哥特手写体被视为"纳粹字体"而声誉受损（见下文）也起到了作用：这使它特别受到那些追求有争议形象的重金属摇滚乐迷、黑帮和说唱歌手的追捧。

这一类字体有很多名字：broken script、Gothic、fraktur、German type。在英语中，最为常见的名称是 blackletter（黑体）。酒吧和很多英美报纸的报刊名用的"Old English"是它的一种变体。这种手写体在12世纪下半叶于欧洲北部的缮写室里得以发展，是一种简单并节省空间的正文手写体。拿来书写这种新手写体的是一种新工具，叫扁头羽毛笔。"broken script"的名称基于书写时手部的运动而来：在每一笔画的最后，将笔短暂地提起，笔画由此被中断。fraktur是该种手写体最受欢迎的变体，它的名称来自德语，意思是"断开的"——想想"fracture"（折断）这个词吧。

最早的纸质书籍所使用的字体，例如古登堡及其继承人的印刷作坊使用的字体，都是对断笔手写体笔迹的模仿。在英国和荷兰，这种类型的字体与罗马体文艺复兴人文体（Renaissance oldstyle）一起使用了相当长的时间。在德国，直到第二次世界大战为止，fraktur一直是默认的正文字体。

哥特手写体有许多种变体。最坚定的字体版本是形成于14世纪的textura，一个世纪之后，古登堡以它为范本制作了金属活字。这是一种完全由直线构成的手写体，所有的曲线都被断开。Bastarda是后来的一款变体，之所以这么命名，是因为这种字体是不同风格的混合物——将textura字体的断裂特性和圆润的笔触相结合。fraktur也是综合了弯曲和笔直的笔触。由于在德国如此常见，所以"fraktur"这一术语用来表示所有断笔手写体类型的字体。

Vanitas
15世纪晚期由佚名荷兰字冲雕刻师创作的textura

Muttersprache
Kleist-Fraktur以16世纪和17世纪的手稿为基础，是20世纪时德国的印刷用字体

Dedicatio
Bastarda-K字体，由曼弗雷德·克莱因（Manfred Klein）基于德国的Bastarda手写体设计的数字字体

过去的阴影。fraktur，一种命中注定的字体？

Ich war in meiner Jugend Arbeiter so wie Ihr!
Adolf Hitler.

↑ "我年轻的时候，跟你一样是个工人！"像广告一样的带有黑体的选举传单。

在20世纪的进程中，黑体的声誉经历了一次非凡的演变。在德国，最早想用罗马体取代黑体——尤其是在广告和书籍封面上——的意图大约在1900年就出现了。但是，黑体一直很受欢迎。希特勒及其追随者在1933年夺取政权后，fraktur作为展示字体获得了一次新生。它鲜明的外形成为纳粹视觉修辞的一部分。粗的黑体变体被用来创作强有力的、日耳曼式的标语。这种做法制造出持久的印象，直到今天，黑体仍和纳粹主义联系在一起。

不过，纳粹本身早已禁止使用fraktur。1941年，纳粹总部发出通知，公然抨击哥特手写体是"犹太"字母。根据这个说法，犹太印刷商早就在德国恶意散布"他们的"字体长达几百年，现在它的本质终于被揭露了。然而，这一抹黑的真正动机要实际得多。他们打算控制欧洲的其他地区，而这些地区的文字是以罗马体印刷的，因此需要在字体上来个180度的大掉头，保证与被占领区民众的顺利交流。

现代主义风格的Futura字体得到纳粹的拥戴，成为最受他们喜爱的新字体。真够讽刺的，这套字体的设计师保罗·伦纳（Paul Renner）遭受纳粹政权的迫害长达数年之久！他一直提倡废止将德国fraktur作为标准的正文字体的做法。

fraktur，我的爱

→ 断笔手写体是什么时候酷起来的？是杰拉德·惠尔塔（Gerard Huerta）在大约1975年为硬摇滚乐队Blue Öyster Cult和AC/DC设计标志的时候吗？是在加州黑帮受到他们的墨西哥同道使用黑体字文身的启发，也开始用它们来文身的时候吗？事实是：其他的字体类别都没有黑体所具有的"街头信誉"。年轻的德国设计师朱迪斯·莎兰斯基（Judith Schalansky）意识到这种现象后，在2006年出版了《Fraktur, 我的爱》（Fraktur, mon Amour）。这本书是对黑体之爱的视觉宣言。

今天的设计师运用哥特手写体的模糊性（是罪恶？还是酷？）为他们的信息增加一种暗示。

← 大卫·皮尔森为企鹅出版社的"伟大思想"丛书设计的封面，强调了马基雅维利（Machiavelli）实用主义的邪恶本质。

↑ 卢卡·巴尔切洛纳（Luca Barcellona）手绘的黑体为乔治·奥威尔清醒的立场增加了矛盾情绪。

文艺复兴人文体（Renaissance Oldstyle）：坚不可摧的范本

自从金属活字开始批量生产以来，印刷字体的发展非常快。1455年，古登堡在美因茨市印刷了古登堡版《圣经》，他采用的字体是模仿当时一款 textura 手写体狭长的方形哥特体。1464年，斯韦海姆（Sweinheim）和潘纳特兹（Pannartz）把德国的印刷技术带到意大利。为了迎合当地对"罗马体"字母的需求，他们雕刻了一种新的字体，把哥特体的僵硬外形弯成类似人文主义者笔迹的样子。

差不多同一时期，法国人尼古拉斯·詹森（Nicolas Jenson）抵达了威尼斯，他曾在美因茨学习印刷术。1470年，他在自己的第一件作品中采用了一种新设计的字体——这款精致的铅活字是根据人文主义者笔迹创作的变体。他使用的这种字体，确立了接下来数个世纪的范本。这之后出现的每一种"罗马体"字体的灵感，都是源自詹森的字母系统，或是遵循了相同的逻辑。

这并不是说发展就此停顿了。弗朗切斯科·格里福也身在威尼斯，他雕刻出的字体要略微清楚一些，印出来的版面灰度也略微浅一点儿。此外，格里福制作出第一款斜体活字，这在当时可是件新鲜事。在16世纪的法国字冲雕刻师的队伍里，克劳德·加拉蒙毫无疑问是其中的大师，他使字母的形状更加典雅。从范·登·克尔（Van den Keere）到范·戴克（Van Dijck）的佛兰德人和荷兰人，缩减了上伸部和下伸部，相对增加了x高，这样即使字体尺寸变小了，文本的易读性并未随之降低——实际上就是节约成本。

詹森的设计成为3个多世纪的指导准则。字体的基本结构——源自扁头笔书写时产生的轻微的斜向笔画粗细对比——一直不变。自18世纪中期以来，新的新古典主义风格以一种更为紧致的结构和更稳固的外观流行起来，但在1890年之后，詹森、格里福和加拉蒙制作的字体被重新审视，衍生出我们今天在 Mac 或 PC 上看到的略有变化的新一代正文字体。许多人所认同的理想的书籍字体，本质上还是1470年的设计。

约翰内斯·古登堡（Johannes Gutenberg）
约1445年

潘纳特兹／斯韦海姆，1464年

尼古拉斯·詹森
1475年左右

克劳德·加拉蒙
1545年左右

亨德里克·范·登·克尔
1576年左右

克里斯托弗尔·范·戴克
1660年左右

Adobe Jenson
罗伯特·斯林巴赫（Robert Slimbach），1996年
（意大利体以 Arrighi 的连笔字体为基础）

Adobe Garamond
罗伯特·斯林巴赫，1989年

DTL Vandenkeere
DTL 工作室
弗兰克·E. 布劳克兰德
（Frank E. Blokland），1995年

Monotype Van Dijck
蒙纳工作室，1935年
［顾问为扬·范·克林彭（Jan Van Krimpen）］

20 世纪的经典

这里有 3 个成功的古为今用现代正文字体案例。这些并不是复刻现有的字体,而是对延续了数个世纪的传统进行的革新设计。

Trinité,1982 年

Trinité 间接继承了克里弗托弗尔·范·戴克在 17 世纪创作的铅字,借用了扬·范·克林彭设计的 Romanée,后者是 1932 年 Enschedé 铸字厂委托他为 Van Dijck 斜体设计匹配罗马体的字体。Romanée 是一套具有古典比例的革新型正文字体。1978 年,当时 Enschedé 铸字厂想调整这套字体用于照相排版时,其在职文字设计师布拉姆·德·杜斯(Bram de Does)表示了反对。每一个 Romanée 金属活字的字身尺寸都有些许不同,杜斯认为重新设计无法呈现这些细微的地方。令他惊喜的是,管理部门邀请他设计一套新字体。结果就是 Trinité 字体,一套开创性的当代正文字体。这一套字体家族有三种带有不同的扩展长度的变体——其名称即得自于此(Trinity,意思是"三位一体")。Trinité 曾短暂地用在 Bobst 照相排版系统里,之后该字体在 1992 年被一家新的字库厂商——Enschedé 铸字厂——开发成数字化字体,获得了重生。

Times New Roman,1932 年

1929 年,文字设计师兼字体历史学家斯坦利·莫里森(Stanley Morison)建议伦敦的《泰晤士报》(The Times)应谨慎地对其过时的设计进行改进,并在这个过程中设计好新字体。最后选定的字体是由莫里森本人提出的蒙纳公司旗下 Plantin 的一个现代化的、明快的版本。在此之前,报社使用的字体是以一种 16 世纪的设计为基础的,该设计是法国人格朗谷(Granjon)为安特卫普的 Plantin 印刷厂制作的字体。《泰晤士报》广告部的维克托·拉尔登特(Victor Lardent)执行了莫里森的指示。这套专属字体在《泰晤士报》首次露面一年后,Times New Roman 成功打动了市场。这款字体的清晰性和现代性使它畅销至今。

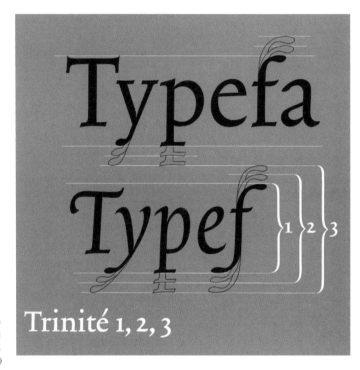

Scala,1988~1991 年

1988 年的时候,荷兰设计师马丁·马约尔还是一名不得志的公务员。当时他从乌特勒支(Utrecht)音乐中心(Vredenburg Centre)的设计部门得到了一份工作。这个中心正需要一款定制的字体用于内部出版物和标牌,最好是采用小型大写字母和中世纪的形态,这在当时还很罕见。马约尔给出了一款具备非凡细节表现力的漂亮的独创性正文字体。Scala 并没有基于某种特定的样式,而是遵从 16 世纪和 17 世纪书籍用字的比例。事实上,马约尔提到他自己是一个"现代的传统主义者"。1991 年,FF Scala 变成 FontShop 公司全新发布的 FontFont 字体库的第一款正文字体。

荷兰乌得勒支市的前弗雷登布里中心(Vredenbury Centre)走廊采用 Scala 字体的一个标识版本。感谢彼得保罗·克洛斯特曼(Peterpaul Kloosterman)。

皇家的笔画粗细对比

Oiga

Oiga

两款 Didone 改刻字体。上图：一款叫 Ambroise 的迪多风格字体，字形来自 Porchez Typofonderie，下图：Bauer Bodoni，一个 20 世纪的金属活字改刻版本的数字版。两款字体均为粗体。

有一种截然不同于文艺复兴和巴洛克样式的经典正文字体的类别：Didone 体，包含古典主义风格的罗马体和意大利体。这种类型——在英语中被称为"现代体"（modern face）——的第一种字体由弗明·迪多（Firmin Didot）在 1784 年雕刻而成。他当时 20 岁，在其父亲的印刷厂受聘为字冲雕刻师。这种字体的特征在于笔直的笔画和几何曲线，粗重的垂直形状与纤细的水平细线及衬线之间形成明显笔画粗细对比。

在意大利帕尔马，功成名就的印刷商詹巴蒂斯塔·博多尼也差不多在同一时间测试了新的字体。这些字体是他所敬佩的傅里叶（Fournier）和约翰·巴斯克维尔（见下文）创作的字体的变体。博多尼的字体也是以粗细部分之间具备强烈垂直笔画粗细对比为特征的理性字体。

Bodoni 和 Didot 这两种字体家族都享有当时宫廷的赞助。这可能有助于这些在当时显得相当激进的字形获得广泛的认可。在 19 世纪初，Didot-Bodoni 字范变成了整个西欧默认的书籍用字。许多带有极细线的二流仿制字体在以小字号排版时会产生恼人的"亮斑"，可读性极差。

Bodoni 字体一直格外受欢迎：在整个 20 世纪，每一个铸字厂都有自己的版本。（美国）服装杂志的设计师们仍然喜欢使用笔画粗细对比大的 Didot 变体来设置引人注目的标题。有鉴于此，许多字体设计师在过去 10 年左右，发布了精心完善的数字化覆刻版本。

"过渡体"：临时阶段的字体？

垂直笔画粗细对比强烈的 Didone 体并不是从天上掉下来的。在 18 世纪中期，整个西欧文字设计领域的先驱们创作的字体促进了技术和风格革新。他们的字体设计并没有局限于文艺复兴时期的字形，而是同时着眼于同时代的书写和雕版。新的书写工具——笔头可以分开的尖头笔——产生的垂直笔画粗细对比非常符合那个时代的要求，即在某种程度上严谨对称的新古典艺术。

在用英语文字设计的印刷品中，这种字体类型被称为"过渡体"（transitional）。换句话说，就是迈向现代体的一个中间阶段的字体。这个名称暗示了 18 世纪的风格是尝试性的、不成熟的，但事实远非如此。那个时代的字体是所有已出现字体中最耀眼、最有自信的书籍用字。

这种风格最具影响力的代表人物是约翰·巴斯克维尔，他是伯明翰的一位书法家兼石匠，也是墨水制造和造纸领域的革新先驱。在法国，富尼耶引领了文字设计领域的革新；在荷兰，则是约翰·弗莱施曼（Johann Fleischmann 或 Fleischman），他是一个德国人，为哈勒姆市的 Enschedé 铸字厂的印刷商们雕刻过出色的字体。

18 世纪的风格在很长的时间后才被重新发现（虽然报纸使用的字体往往立足于这种风格），不过在过去的 10 年中，这种风格激发了许多字体设计师的灵感。

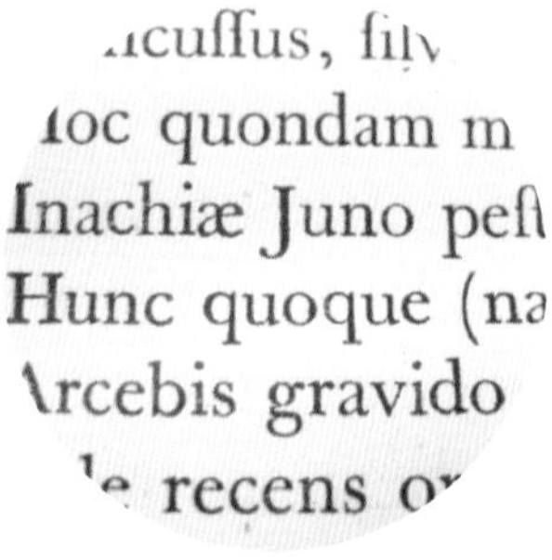

约翰·巴斯克维尔，1757 年

约翰·弗莱施曼，约 1750 年

Typefins
Typefins

Mrs Eaves
苏珊娜·利奇科，1996 年

Typefins
Typefins

Fenway
马修·卡特

Typefins
Typefins

J. Baskervile
弗朗齐歇克·施托姆，2000 年

Typefins
Typefins

Farnham Display
克里斯蒂安·施瓦茨（Christian Schwartz），2004 年

Bodoni 的吸引力

← 一个真正的原创:Bodoni 以其独特风格完成的字体设计具有诸多不同的尺寸和变体,这是其中一幅,载于 1818 年由博多尼的遗孀出版的《字体手册》(Manuale Tipografico)中。这位大师已于 1813 年前辞世。

→ 意大利设计师兼出版商佛朗哥·玛丽亚·里奇(Franco Maria Ricci)是 Bodoni 文字设计风格的伟大倡导者,他那令人愉悦的艺术杂志 FMR 在 20 世纪 80 年代享誉世界,他的《巴比塔书籍馆》(Biblioteca di Babele)是一系列精美的文学杰作。

↓ 这款华丽的 Bodoni 风格的展示字体看起来非常适合西班牙语版的《花花公子》:Pistilli 字体,一款由约翰·皮斯提利(John Pistilli)和赫伯·卢巴林(Herb Lubalin)设计,然后由 The Font Bureau 公司的赛勒斯·海史密斯(Cyrus Highsmith)制作的定制字体。

↑ 纽约设计师马西莫·维格纳利有句名言:设计界只需五六种字体——Bodoni 就跻身其中。当 Emigre 公司发布苏珊娜·利奇科设计的 Filosofia 字体时,他们邀请马西莫·维格纳利设计了这一幅海报。

这套字体别出心裁地借鉴了 Bodoni 样式,强调原始字体中手工制作的活泼性,这一点被大多数改刻字体所抛弃,以讨好严谨性和过度的合理性。

文字设计的噪音

19世纪的文字设计圈子曾经声名狼藉。蒸汽引擎和其他发明促进了工业革命在许多领域引发大规模高速生产。工业化制造的物品都是缺乏个性的标准化产品，总是随意选取过去的饰物来进行装饰。在书籍印刷中，许多技艺失传了。新的正文字体只是僵硬地模仿像 Bodoni 一样在1800年左右流行的字体。经典简约的书籍在机器时代很罕见；活字铸造厂差不多销毁殆尽了贮存的巴洛克字体，以便铸造与最新时尚相符的字体。往年庄严的扉页换成了富丽的构图，充满各种插图、版式和装饰成分。

商业实验

字体历史学家长期以来带着一些鄙夷的目光来看待19世纪的平面设计。但那些历史学家关注的主要是书籍设计，而真正的革新却发生在其他领域。现在19世纪已经恢复了名誉，因为我们认识到今天之所以有如此丰富的文字设计选择，很大程度上要归因于那个时代的探索、荒诞和当时的时尚。

其中19世纪的一大成就（如果这个词没用错的话）是广告。由于机械的大规模使用，许多产品的价格开始下跌，于是品牌被引进，竞争日趋激烈，打广告因而成为必须。新的图形印刷技术，例如木活字、快速打印技术、平版石印等被用来创造和宣传品牌，以及把书籍和杂志包装成为能激发欲望的产品。总之，伴随着新的消费者时代的是一种全新的、完全商业化的平面设计方法。

这种沟通方面的根本变化反映在1810年以来发布的蔚为壮观的新字体和字体种类上。首先出现这种情况的是英国和美国，这些字体的主要优点在于它们的新奇价值：字形中的对比要么夸张过火，要么难觅其踪；衬线要么粗得骇人，要么完全不存在。

自20世纪90年代中期以来，年轻的平面设计师和字体设计师对19世纪重新燃起兴趣。他们开始使用木活字来印刷，或使用那个时代的"怪物字体"（monster fonts）作为激发新数字化字体灵感的资源。

↑ 一份博士论文的扉页细节，莱顿市（Leiden），1869年。像这样的一份规范的科学出版物，印刷厂差不多是把它"泡"在铅字盘里的——使用了至少10种不同的字体。

→《"一群无足轻重的人"，市政厅公园》（'Brigade de Shoe Black'，City Hall Park）。选自1865年大受欢迎的"Anthony's Stereoscopic Views"（安东尼的立体观）摄影系列。这是少数关于19世纪中期城市海报墙的摄影记录之一，展现了大量用木活字印制的大幅娱乐海报。这是一张黑白照片，海报上的着色很可能是通过手工完成的。

看待19世纪的新视角

↑ Adobe Wood Type 系列是对一些最出名的 19 世纪风格的木活字进行数字化的重新诠释。

↓ 杰里米·坦克德创作的 Shire 字体,仿效了 19 世纪的文字设计风格。这 6 款字体的字符可以相互组合。该字体家族现在用于书籍的封面和扉页。

↗ 埃里克·范·布劳克兰德的 FF Zapata 抓住了海报字体中一种独有的风格——宽的粗衬线,并将这种风格推向了新的极限,它有 5 款字重可供选择。

→ Hoefler & Co., 字体公司出品的 Proteus 字体项目,借鉴了 19 世纪 4 种风格的木活字。

主要类型：商业美术、现代主义、装饰艺术

在20世纪的前25年里，字形发展迎来了各种各样的情况。在广告业中，充满19世纪告示牌和广告风格的字形让位给手法更老道的风格。于是，一个新的职业诞生了：商业艺术家。他们发展出具有个人风格的插图和字形，那些功成名就者会接受铸字厂的游说去设计金属字体。

德国的吕西安·伯恩哈德（Lucian Bernhard）在广告和包装中开辟了一种粗犷简约的风格，即著名的"海报风格"（Plakatstil）。很快，他开始设计具有同样风格的字体。美国的奥斯沃德·奥兹·库珀（Oswald 'Oz' Cooper）是一位成功的商业艺术家和字体设计师。Cooper Black字体面世时被评价为"一种统治的字体"，马上在市场中火爆起来。它经受了不断变化的技术考验，成为一种历久弥新的展示字体。

现代主义运动

与此同时，一场新的艺术运动席卷欧洲。在这场运动中，出现了许多宣言和名称，包括构成主义、"风格派"和基础文字设计运动（或者新文字设计运动）——现在往往被统称为现代主义。对现代主义艺术家和设计师而言，文字设计探索变成了一个摒弃装饰和具象，谋求抽象、理性和客观性运动的一部分。

为了说明他们的理想和理论，许多艺术家绘制了字形，几乎完全是专为自己所用的展示字体。虽然实用主义是他们建立理论的关键词，但在现代主义者的理想化思考下的字形很少能生成成功的正文字体，也无法实现可读性这个

↑ 1918年左右奥兹·库珀为他自己的事务所亲手绘写的问候卡，这种绘制文字风格形成了后来的Cooper Black的基础。

← 1929年，Amsterdam Typefoundry铸字厂的两款典型的充满"装饰艺术"风格的字体，均以莫里斯·富勒·本顿的Broadway为基础。

↓ 与《风格》杂志（De Stijl）相关的几位艺术家，包括创办人西奥·范·杜斯堡（Theo van Doesburg），只用直线来绘制实验字体。这款为一家制造门和家具的工厂制作的信封是由在荷兰的匈牙利图形艺术家维尔莫斯·胡萨尔（Vilmos Huszár）设计的。

主要目标。现代主义者的字母表不过是用尺规创作的几何形状,这样做是因为尺规代表简明和理性。有些字体完全避免使用曲线,如荷兰设计师洛韦里克斯(Lauweriks)、杰德维尔德(Wijdeveld)和范·杜斯堡(Van Doesburg)创作的直线字体。不过,还是有一个明显的例外:由保罗·伦纳创作的Futura是一种在现代主义的几何结构和传统文字设计对视觉的考量之间完美折中的字体。它随即产生了影响力,并催生了无数的模仿者。(←第2页)

装饰艺术

20世纪20年代,一群不那么激进的绘制文字艺术家开始用尺规来绘制带装饰的字形。比起现代主义者的实验,他们取得的结果更让人愉快,并更易被主流接受。这些结果所显示的人们对图形的偏好通常与建筑、产品设计和艺术的相似趋势相关联,现在我们用Art Deco——一个实际在20世纪60年代才发明的术语——来称呼这种偏好。混合了简化的新艺术、打了折扣的现代主义及外来文化的影响,装饰艺术可以说在1925年开始出现了占有主导地位的风格。在平面设计和文字设计中,它为设计展览版式提供了新方法,其中混合了一些借鉴自包豪斯和构成主义几何结构的手写体的华丽形式。

自瑞士实用主义于1960年左右成为主导后,装饰艺术在设计圈子里臭名远扬,商用手写体和华丽的展示字体也变得声名不佳。不过,它们在20世纪六七十年代摇滚乐海报和地下杂志中以色彩鲜明的嬉皮士风格被继续使用。最近,字体设计师和绘制文字艺术家重新发掘了装饰艺术及20世纪中期的商用绘制文字,以此作为灵感和创意的源泉。设计师们已经发布了数百种字体,以此来庆祝曾被扭曲的装饰艺术精神得以再现。

↑ 在美国,从20世纪20年代的原始形态,到20世纪中叶的霓虹灯招牌以及七八十年代黑胶唱片和书籍的封面,再到今天全面开花的情形,装饰艺术的血脉几乎从未被打断。这一张2009年的海报由洛杉矶Three Steps Ahead设计公司的乔希·考文(Josh Korwin)设计,参考了A.M.卡桑德拉(A.M. Cassandre)对形状和渐变色的运用。他是一位典型的装饰艺术风格设计师。这幅海报使用了马克·西蒙(Mark Simonson)创作的Mostra Nuova字体,这是现在最流行的一款对装饰艺术字形重新诠释的数字化字体。

↓ 保罗·范·德·拉恩(Paul van der Laan)在2002年为一所由荷兰现代主义建筑师扬·杜齐克尔(Jan Duijker)改造的学校设计的绘制文字。这所学校位于海牙的席凡宁根地区(The Hague-Scheveningen),是范·德拉恩的工作室所在地。和这幢建成于1931年的建筑一样,这些字母融合了装饰艺术和前卫现代主义这两种元素。

字体和绘制文字的模块化

客观性、理性和简单性是现代主义舞台的主要支柱,包豪斯是将这些理念转化为实际提案的场所之一。几何构造和模块化结构被视为有用的手段,能在包括文字设计等诸多领域达到清晰性和高效。虽然用尺规构造文字的方法对正文字体而言并非切实可行的原则(←第87页),但在展示字体文字设计方面能够引发一些有趣的项目。

Kombinationsschrift字体,是约瑟夫·阿伯斯(Josef Albers)为活字设计的字体,他打算仅用4种外形——方形、圆形、1/4的圆形和方形间距来取代平常排字机中的100多个种类——所有字形都以不同高度的这4种元素组

↑ 约瑟夫·阿伯斯的Kombinationsschrift字体,1931年。仅用4种元素来设置文本,而按照标准,排字机的大小写合计有114种。

↑ 维姆·克劳威尔,艺术目录,1963年。克劳威尔的这些字形参考了埃德加·费恩哈特(Edgar Fernhout)画作里的垂直笔触。

→ 克劳威尔在1970年为艺术家克莱斯·奥登伯格(Claes Oldenburg)设计的模块化字母,让人回想起后者创作的巨大柔软的雕塑实物。2003年,The Foundry公司将其数字化,称为Foundry Catalogue。克劳威尔的展示字体最近变得十分受欢迎,许多设计者受其启发,纷纷采用FontStruct设计出模块化字体。见下文。

FontStruct:数字时代的模块化字体

FontStruct是由设计师罗布·米克(Rob Meek)开发的免费在线字体构造工具,得到了FontShop公司的赞助。FontStruct允许用户快捷而轻松地创作用几何形状构成的字体,这些形状可以在一个网格图案中摆放,就像用砖贴砌马赛克一样。一旦字母(或任何符号集)做好后,FontStruct就会生成高质量的、可在Mac和Windows系统的应用软件中使用的TrueType格式字体。另外还有一个供用户分享、评论和联合开发使用FontStruct构造的字体的社区。

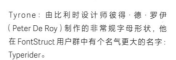

Tyrone:由比利时设计师彼得·德·罗伊(Peter De Roy)制作的非常规字母形状,他在FontStruct用户群中有个名气更大的名字:Typerider。

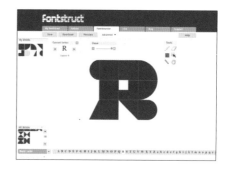

成。这个计划发表在《包豪斯》杂志上，宣称可为排字机缩减"超过97%"的物料（排字机的工作负载将会因此而增加的结果似乎就不重要了）。

虽然这些20世纪40年代前的实验没有在设计圈子里流行起来，但通过模块化和几何图形构造的字体在20世纪六七十年代的平面设计工作室中普遍存在。它们为绘制个性化的字母提供了一种有序的方法。在今天的数字化字体设计中同样如此：模块化的字形是开始涉足字体设计的一个安全之处。

↓ 为新西兰的 Evangelische Omroep（一个基督教广播机构）的年度"青年日"创作的海报，采用模块化字体以方形和1/4圆构成，用包豪斯时代难以想象的方式上色。熔岩工作室设计，2009年。

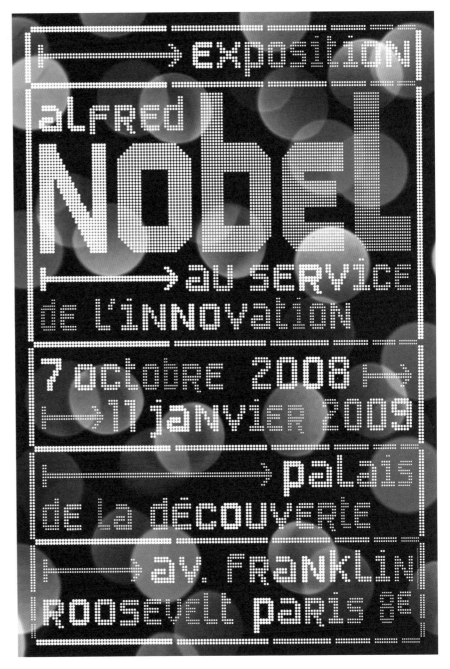

↑ 对巴黎设计师菲利普·埃皮罗格（Philippe Apeloig）而言，为特殊项目开发一次性的字体，是其个性化设计的手段。同时，这也可能是用最抽象的视觉语言——字体——来使概念形象化的方式。这幅海报运用了特殊设计的单体字母（也就是混合了大写和小写的形式）。尺寸不一的圆形模块构成简单的矩阵，为文本增添了活力，并暗含科学探索的意味。2008年为探索宫（Palais de la Découverte）所创作的设计，巴黎，2010年重印。丝网，118cm×175cm。

← 模块化和效率 40
← 暴露网格的意义 50
→ 那种瑞士风格的感觉 90

那种瑞士风格的感觉

在大多数欧洲国家里,现代主义的发展被第二次世界大战突然中断,其务实客观的思考方式及理性的设计理念也随之风吹云散。它只能在中立国瑞士得以继续发展,实用主义思想在这里被发展为一种系统方法,并于1945年后在平面设计领域中有成为最具世界影响力的趋势。这种趋势往往被称为瑞士风格,不过在英语中更常使用"International Style"(国际主义风格)。这种风格的特征是非对称布局、运用网格、使用 Akzidenz Grotesk 这样的无衬线字体来设置仅左对齐的文本,以及有意识地以审美的态度在页面上运用空白空间。这种风格更青睐摄影而不是插图。我们所知道的20世纪五六十年代的大多数瑞士风格的文字设计作品,完全排除使用图像,而依靠将字体作为主要的设计元素。

→ 摄影取代插图,形状和颜色与平淡无奇的、使用无衬线字体的文本的结合:这些成了"瑞士风格"的一些特征。内莉·鲁丁(Nelly Rudin)创作的海报,1958年。

Helvetica 字体惊人的成功故事

↑ Neue Haas Grotesk 出现在1957年。两年之后,它得到最终的名称:Helvetica。2007年正值其诞生50年,人们举行了广泛的庆祝。导演加里·胡斯特威特(Gary Hustwit)甚至为其制作一部与正片长度相当的纪录片,历时一年之久。

瑞士风格的字体在20世纪50年代中期占领了欧洲的印刷领域,然后迅速在北美和南美得到采用。到处都有左对齐的排版和无衬线字体。尽管诸如 Futura 和 Kabel 这样的几何化无衬线字体过于明显地唤起了战前的现代主义气氛,设计师们仍偏爱19世纪晚期的广告字体。Berthold 字体公司创作的 Akzidenz Grotesk 字体非常受欢迎,还有蒙纳公司的 Grotesque 字体,以及名气稍低一点儿的 Bauer 字体公司的 Venus 字体也很受欢迎。

不过,制作这种类型中最流行字体的却是一家瑞士公司。1956年左右,位于巴塞尔附近的明兴施泰恩(Münchenstein)的 Haas 铸字厂委任文字设计师马克斯·米丁格(Max Miedinger)绘制了一款与 Akzidenz Grotesk 字体旗鼓相当的新字体。在米丁格选来用作样本的字体中,有一款是来自1880年由莱比锡的 Schelter & Giesecke 铸字厂出品的 grotesque 字体。经过和 Haas 铸字厂的总经理爱德华·霍夫曼(Eduard Hoffmann)紧密合作,米丁格只用了几个月就拿出了 Neue Haas Grotesk 的设计稿。

这款字体起初取得的成功并不显著,但当德国法兰克福的 Stempel 铸字厂决定把这款字体列入计划中时,潮流转向了。在一封注明是1959年6月6日的致管理方的函件中,销售经理海因茨·奥伊尔(Heinz Eul)提议以一个新名称——Helvetica-Switzerland——来重新发行这款字体。最后在1961年初发布时,这个名称被确定为 Helvetica(Swiss)。

随之而来的就是举世瞩目的巨大成功。Helvetica 字体变成一股主导力量,成为世界共同的字体。这一字体的全面普及使它成为一种安全的选择,更是因为它很快就在所有印刷厂和排字所中占据了一席之地。Helvetica 字体的成就有力地证明了这句格言:没有什么比成功本身更成功的了。

1983年,Stempel 铸字厂发布了 Neue Helvetica,对原型字体做了些微妙的改进,提升了字体家族成员之间的和谐。当 Adobe 公司选择(旧的)Helvetica 作为其 PostScript 软件的4种核心字体之一后,Helvetica 作为数字化字体中流砥柱的地位遂告确定。

与此同时,各种各样生产印刷设备和排版系统的制造商们也调制了自己的 Helvetica 克隆版——例如 Swiss、Helion 或 Triumvirate 字体。最后,Arial 出现了,尽管这款克隆字体并不想成为一种克隆体。参见右页。

Helvetica 字体 50 周年庆典

记录 Helvetica 字体 50 周年的海报。
↖ 实验喷气机（Experimental Jetset）设计工作室，阿姆斯特丹。推广 Helvetica 字体纪录片的海报。

↑ 在莱诺公司举办的竞赛中获奖的海报，由德国设计师尼娜·哈德威格（Nina Hardwig）创作。

那 Arial 这款字体如何？

Arial 是大多数计算机上的系统字体。对于普通用户来说，它比 Helvetica 字体更为出名。它是 20 世纪 80 年代末由蒙纳公司的罗宾·尼古拉斯（Robin Nicholas）和帕特里夏·桑德斯（Patricia Saunders）以一款受敬重的更老的无衬线字体 Monotype Grotesque 为基础设计的。不过 Arial 字体并没有采用 Monotype Grotesque 字体的比例和宽度，反而几乎与 Helvetica 字体的一致；除此以外，还有许多几乎与 Helvetica 完全相同的细节。它们二者可以互相取代，看不出明显的不同。这其实并非巧合：许多供应商都想要一款可替换的系统字体来取代受欢迎但昂贵的 Helvetica 字体（由莱诺公司出售），但又不想要那种一一对应的克隆货。因此在某种程度上，Arial 字体的设计可谓灰色地带的试水之作。刚好有家选择 Arial 字体的公司叫微软，接下来，历史说明了一切。

作为一名细致的设计师，你会假设不用 Arial 字体吗？Helvetica 字体更为正宗、更为协调，所以选择这款原装货，或者一款更高级的新字体，如 Neutral 或 Akkurat，并不是个坏主意。不过在一个野心不强的企业形象项目中，Arial 字体通常被认为是办公室字体的必然选择。为什么呢？这种字体是一个安全的选择，它已被安装在每一台计算机中，而且是免费的！

↑ 橙色：Helvetivca 字体，优胜者。
蓝色：Arial 字体，挑战者。
许多字母几乎完全一样。这本身并不一定是剽窃。正如许多受 19 世纪晚期启发的字体也有非常相似的外形。最显眼的差异是：Arial 的 G 在右下角缺少一个尖，Arial 字体有一个不同的 R，字母 a 的主干部分没有字尾，c、e、f、g、r、s 等字母的弧线部分的笔画端点被斜切掉，t 的顶端也是如此。

无衬线字体的解放

在接受过传统训练的文字设计师当中,认为没什么比衬线古典体字体或是该类型的当代变体更适合设置正文文本的观点非常盛行。实际上,所有报纸和小说都是以这类字体来印刷的。直到最近,无衬线字体仍被视为一种典型的辅助字体,只适合用于标题、副标题、贴士栏或插图说明。20世纪70年代一段比较短的时期里,现代主义设计师在瑞士文字设计流派的影响下,开始为正文选择Helvetica和Univers这样的字体,但由于这些字体并不是为了舒适地进行沉浸式阅读而设计的,所以结果似乎证明了"作为正文字体,没什么字体比得上Garamond或Times"。

但是无衬线字体现在回到了前台。它们越来越多地被用作长篇幅文本的排版。这不仅是因为平面设计师的品位变了,还因为字体设计本身的结果:当代无衬线字体变得更具可读性与亲和性。近年来,无衬线正文字体在文字版面体验和文字设计中发挥了核心作用,因为字体设计师们提供了更开放、更活泼的字体。直到20世纪90年代初,无衬线字体暗指"中立"或"无感情"(或者指的就是Helvetica字体),而现在笔画粗细对比不明显、不带衬线的字体队伍正在迅速扩充。

人文型无衬线字体以古典的书籍用字比例为基础,所以其可读性尤为出名。在其他的类别中,字体设计师同样取得了一定程度的读者亲和性,这在之前很罕见。无衬线字体现在逐渐变成了非小说类书籍、杂志和手册的一种标准字体。可用的无衬线字体的供应量也在快速增长。

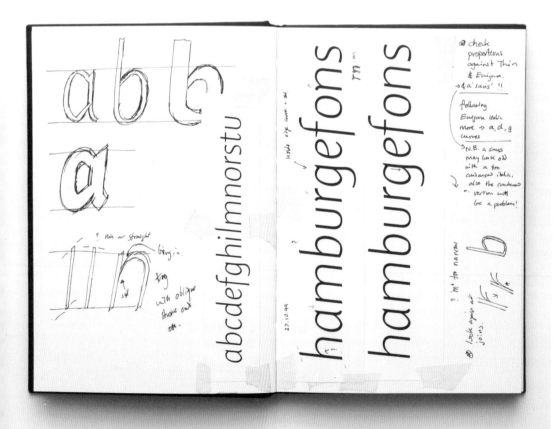

← Shaker意大利体的草图,这是由杰里米·坦克德设计的人文型无衬线字体。

→ 现今的无衬线字体种类和风格的简明概览。其中的前4种似乎已经被普遍接受。"方型"和"技术型"的称谓不太正规,但很常见。最后两种是笔者自己为那些难以界定的子类别进行分组的尝试。grotesque和gothic两种字体不好区分,不如说这是一个历史和形式的同源关系问题。在美国,长期以来倾向于将所有的无衬线字体称为"Gothic",因此Avant-Garde Gothic,甚至是Copperplate Gothic(这款字体带有微小的衬线)都被划在同一类里。这张清单当然不详尽。按理说,应该为温和圆润的无衬线字体定义类别,而"非常规型"这一类别也可以被进一步分析。这种划分是否有用处,还有待观察。请注意,每一种所示的字体均具备多款字重,在某些情况下,还具备多个字宽。

无衬线字体的种类

欧洲的 Grotesque 型

Mangfions
Portez ce vieux whisky *au juge blond*
Akzidenz Grotesk (1898 → 1980)

Mangfions
Portez ce vieux whisky *au juge blond*
Univers (1957)

Mangfions
Portez ce vieux whisky au juge blond
Akkurat (2004)

英美的 Grotesque 型、Gothic 型

Mangfions
Portez ce vieux whisky *au juge blond*
News Gothic (1909)

Mangfions
Portez ce vieux whisky **au juge blond**
Bureau Grot (1989–2006)

Mangfions
Portez ce vieux whisky *au juge blond*
Figgins' Sans-Serif (1836) → Figgins Sans (2009)

几何型

Mangfions
Portez ce vieux whisky *au juge blond*
Futura (1927)

Mangfions
Portez ce vieux whisky *au juge blond*
AvantGarde Gothic (1970–1977)

Mangfions
Portez ce vieux whisky *au juge blond*
Proxima Nova (2005)

人文型

Mangfions
Portez ce vieux whisky *au juge blond*
Syntax (1969)

Mangfions
Portez ce vieux whisky *au juge blond*
FF Quadraat Sans (1997)

Mangfions
Portez ce vieux whisky *au juge blond*
Shaker 2 (2000–2009)

方型

Mangfions
Portez ce vieux whisky *au juge blond*
Eurostile (1962)

Mangfions
Portez ce vieux whisky *au juge blond*
Klavika (2004)

Mangfions
Portez ce vieux whisky *au juge blond*
Geogrotesque (2008)

技术型

Mangfions
Portez ce vieux whisky *au juge blond*
DIN (1936) → FF DIN (1995)

Mangfions
Portez ce vieux whisky *au juge blond*
Isonorm (1980) → FF Isonorm (1993)

Mangfions
Portez ce vieux whisky *au juge blond*
Interstate (1993–2004)

办公室型、混合型、实用型

Mangfions
Portez ce vieux whisky *au juge blond*
FF Meta (1991–2003)

Mangfions
Portez ce vieux whisky *au juge blond*
Corpid (1997–2007)

Mangfions
Portez ce vieux whisky *au juge blond*
Facit (2005)

新方向型

Mangfions
Portez ce vieux whisky *au juge blond*
FF Balance (1993)

Mangfions
Portez ce vieux whisky *au juge blond*
Dancer (2007)

Mangfions
Portez ce vieux whisky *au juge blond*
Bree (2008)

正文字体：更新

虽然无衬线字体作为传统正文字体的备用字体正登上历史舞台，但一场悄然的革命也发生在"古典体"字体的领域内。比起由 Adobe 或蒙纳这样的大型字库厂商提供的许多著名字体，年轻的、通常不知名的字体设计师所创作出的字体在技术上更先进。例如，他们的字符集更加完整，提供多种风格的数字符号，并且常常具备多款均衡的字重。

新设计的正文字体还具有额外的优势。它们并不是由适于以前时代和过时技术的设计改造而来——从技术和美学这两方面的角度来看，它们都是当代的。这意味着，举个例子来说，它们是为了（在屏幕上或精致的胶版印刷中）使用小字号时好看和有效而设计的，而且也具有作为展示字体所需的能吸引人或与人交流的设计细节。

最近有很多令人印象深刻的制作精细、配置完整的正文字体。这一现象部分要归功于不断提高的字体设计专业教育的质量，英国雷丁大学（University of Reading）和海牙（荷兰）皇家艺术学院（KABK）的硕士课程当为其中翘楚。

许多新的正文字体把传统比例与鲜明的、当代的设计细节相结合，在熟悉度和创造力之间寻求易于阅读的平衡。我不愿意称这些字体为"古典体"或"过渡体"，或一些类似历史概念的类型，虽然试图按照惯常的做法把它们分类时，这种类型可能是最终的结果。把它们按功能归类可能更有用：新闻类、文学类、低质量媒介型、通用型……但这样也许会过于一成不变。

W. A. 德威金斯和 M 准则：向牵线木偶学习

↑ 女性头部的细节，来自德威金斯的牵线木偶剧院。

↓ 对德威金斯以 M 准则绘制的一个字母的重构，由蒂姆·阿伦斯（Tim Ahrens）制作。

威廉·爱迪生·德威金斯（William Addison Dwiggins）是位才华横溢的美国绘制文字艺术家和插图家，他写了一些关于设计和字体的诙谐而富有洞见的文章——他被认为是第一个使用"平面设计师"这个术语的人。他专注于木偶戏设计和牵线木偶的制作。

德威金斯深信字体必须与时俱进。在他关于创造 Electra 字体的故事中，他描述了与一名虚构的日本字体专家相遇的情形，这位专家这样说："你们这些人的问题是，老是试图重制詹森或约翰·斯皮拉（John de Spira）的字体……你们总是想返回到三四百年前，并一次又一次尝试做他们当时所做的……现在是 1935 年。你们为什么不能做些他们未曾做过的：拿起字形，看看你是否能把它们变成能代表 1935 年的东西……变成电气、火花、能量。"

在他探索非常规的却实用的解决方法的过程中，德威金斯制定出他称为 M 准则的东西，"M" 指的是牵线木偶（marionette）。他注意到，在为他自己的剧院设计木偶时，比如说，为了能够让后排观众辨认出漂亮的年轻女性的特征，那就需要夸大她的特征。德威金斯认为在字体中也一样。要在小字号时有最佳的可读性，字体的形状必须有特别的处理。放大德威金斯创作的一些字体，就会发现其形状十分惊人；当以正文尺寸观看时，这些字体就显得简单明快。在过去的几十年里，有些字体设计师采纳了德威金斯的原理，以创作出非传统的、轮廓鲜明的字体。其中，赛勒斯·海史密斯创作的 Prensa 字体、肯特·卢（Kent Lew）的 Whitman 字体，以及杰拉德·因赫尔的几种字体，是那些受到德威金斯影响的字体的代表。

正文字体的策略

注意字重
Novel ↔ Bembo

aaiimm

Novel Portez ce vieux whisky au juge blond
Bembo Portez ce vieux whisky au juge blond

Nancy suffisant
Nancy suffisant

对比金属活字的原版字体，很多数字改刻字体过于纤细，被设置为小字号时，让人读起来很不舒服。新设计的正文字体通过增加字重的方式，增加了当今印刷中的清晰度，从而解决了这个问题。例如由克里斯托夫·邓斯特（Christoph Dunst）设计的Novel，比数字版本的Bembo字体更为坚实，不过它的细节非常有意思，足以用作展示字体。

Vesper
Portez ce vieux whisky *au juge blond qui fume*

מימל יבצ תא יחדש׳, יטק לזוג לע עפנ קסרתה רכ.

यह पहला कम्प्यूटर था, जिसमें सुंदर टाइपोग्राफी थी।

Leksa
Portez ce vieux whisky *au juge blond qui fume*

Эх, чужак! Общий съём цен шляп (юфть) – вдрызг!

书卷气和多语种

像这些全新一代类似于Novel字体那样精致描绘的正文字体足够中性化，能用于沉浸式阅读，而被设置成更大字号来观看时也具有强烈的个性。年轻的设计师往往对非拉丁语系感兴趣，这些字体屡次在斯拉夫、希腊和亚洲的文字中出现。

Leitura
Leitura 1 Portez ce vieux whisky *au juge blond qui fume*
Leitura 2 Portez ce vieux whisky *au juge blond qui fume*
Leitura 3 **Portez ce vieux whisky** *au juge blond qui fume*
Leitura 4 **Portez ce vieux whisky** *au juge blond qui fume*

Leitura News
Leitura News 1 Portez ce vieux whisky *au juge blond qui fume*
Leitura News 2 Portez ce vieux whisky *au juge blond qui fume*
Leitura News 3 **Portez ce vieux whisky** *au juge blond qui fume*
Leitura News 4 **Portez ce vieux whisky** *au juge blond qui fume*

新闻字体系统

由于自身技术的限制，报纸印刷用的油墨仍然是个非常单一的市场。印刷机也并不完美，印刷的效果不一致，但这可以通过选择恰当的字体来弥补。专业的新闻字体往往是根据标准字重在一定范围内经过细致调节的变体，有利于在印刷过程中进行微调。

粗细对比的因素
Caecilia ↔ Joanna

aaiimm

Caecilia Portez ce vieux whisky au juge blond
Joanna Portez ce vieux whisky au juge blond

Royal splendor
Royal splendor

尽管埃里克·吉尔的Joanna作为金属活字时是一款出色的正文字体，但它的数字版本在正文中，只不过是其先前样子的复制（虽然在书籍封面上使用大尺寸时，这款字体有出色的效果）。由彼得·马蒂亚斯·努德齐（Peter Matthias Noordzij）设计的PMN Caecilia，是一款当代的可替代它的字体，也是一款带有笔直的粗衬线和人文型字体比例的字体，但笔画粗细或压力对比不大。另外，该字体还包括一款更圆润的意大利体，从而使人们在屏幕上阅读这套字体时更加满意。因此，Caecilia被亚马逊公司选定用作Kindle电子书阅读器的默认字体。

Adelle Thin → **Heavy**
Portez ce vieux whisky *au juge blond qui fume*

Chaparral Light → **Bold**
Portez ce vieux whisky *au juge blond qui fume*

Centro Slab XThin → **Ultra**
Portez ce vieux whisky *au juge blond qui fume*

用于低质量媒介下的字体：易读的粗衬线体

PMN Caecilia字体代表了对粗衬线体的某种突破：与同一种人文型字体结构近罕无衬线字体的粗细笔画接近的字体，这忽然让它看起来更为可行。许多字体设计师传承衣钵，为这种混合类型设计新的方法，使屏幕上的文字设计有上佳表现。

Prensa Semibold
Portez ce vieux whisky *au juge blond qui fume*

Nexus Serif
Portez ce vieux whisky *au juge blond qui fume*

Marat Regular
Portez ce vieux whisky *au juge blond qui fume*

激进的轮廓

受到德威金斯的M准则的启发（←参见左页），设计师们开始在字符外部形态和字腔之间的关系中进行实验，从一条曲线到另一条曲线，在上面绘制夸张的变化效果。赛勒斯·海史密斯设计的Prensa字体和马丁·马约尔设计的Nexus字体都是突出的例子。其他的例子，如路德维格·于贝勒（Ludwig Übele）设计的Marat字体，探索了上述如挖角和非常规轮廓的美学可能性。

视觉尺寸：量身定做的字体

作为数字字体的使用者，我们无休止地缩放我们的字体，可以制作任何一款无穷小或无穷大的字体。尽管这在技术上是可以实现的，但这不可能一直是个好主意。原因之一是数字字体是单一基准字体（single master），缩放字体意味着拖动字体进行线性的放大或缩小。结果可能是，当字号大时，字体会过于粗糙，而当字号小时，字体又过于纤细。

情况也不总是这样。那些曾经通过手工以真实尺寸来雕刻的字体，像这样的细节是由字冲雕刻师的眼睛所能看到、手所能做的来决定。即使一位字体设计师能以同一种风格来雕刻一定范围内相融的字体，每一个字号的字形也会略有不同，需要根据比例、粗细对比和字距进行调整，以确保每一种字体在特定的字号能被舒适地阅读。

随着照相排版和数字字体的出现，这些视觉调整被遗弃。用一种基准字体来设置所有的字号大小，成本会更低，技术操作也更容易。如果旧书籍中印刷得很小的字体比大多最近的书籍更易阅读，那这归咎于单一的基准。

在过去的 10 年里，字库厂商变得明智起来。越来越多的字体被设计成特定的视觉尺寸（optical size）。Adobe Originals 系列的每一个字体家族都有 4 种不同的变体，从脚注字体到大型的展示字体的设置，涵盖了全部的使用范围。像 ITC Bodoni 或 FF Clifford 这样的字体家族，为设计师们提供了类似的解决方案。带有专用 Text（正文）、SmallText（小字号）和 Display（展示体）版本的字体家族，也变得越来越普遍。

6点 / 72点

Amsterdam Type 铸字厂的 Garamond 字体

单一基准字体的 Garamond 数字字体

↗ 扫描自 Amsterdam Type 铸字厂的 Garamond 字体，以 ATF Garamond 字体为基础。72 点的版本和 6 点的版本大致以同样的 x 高来按比例缩放，差异是明显的。单一基准的数字 Garamond 字体是一种折中字体。雕刻成大尺寸时，不像阿姆斯特丹那款 72 点字体那样精细；对于阅读的舒适度而言，设置为小字号时，则过于纤细。

→ 来自阿姆斯特丹的 Voskens 铸字厂一份字体样本的细节。在 17 世纪，字体设计师不会雕刻各式各样的设计。尽管不同的字重风格近似，但不同尺寸之间存在显著的差异。

了解和选择字体 · 97

Freight Big

Taking you
all the way
123456

Freight Display

Taking you
all the way
123456

Freight Text

Taking you
all the way
123456

Freight Micro

Taking you
all the way
123456

Freight
为各种不同字号设计的超级字体家族

对于 Freight 这套字体，乔舒亚·达登（Joshua Darden）采取了一种激进的方法来设计视觉尺寸。在各种字体字号之间，西式活版印刷的精细差异转化为字号之间有显著差异的粗笔画的特征。Freight 字体将传统的、"天然的"粗细对比和字宽渐变为一种有意识的创作手法。每一个子系字体家族有 6 个从细体到粗体的字体，并带有注目的意大利体。Freight 正文字体（Freight Text）是主力字体，为典型的正文尺寸而设计。Freight 展示字体（Freight Display）被微调过，以用于大标题和书籍封面；对于非常大的字号，例如海报或页面大小的杂志大标题，有一款很壮观的 Freight Big 大字体。Freight Micro 字体，是为 6 点及更小的文本所设计的，是这套字体中最为激进的一款。粗细对比被大幅度地降低，以确保文本在被设置为小字号时仍保持清晰。字体的衬线是块状的，就像在粗衬线字体中一样。在曲线连接主干的地方进行了大幅度裁切，以获得一种更开放的形象。这一切使得 Freight 字体在小字号时有突出的可读性。但因为它充满了个性，设计师们也喜欢放大这款字体来做展示字体，参见《国际邮差》（*Courrier International*）杂志。（→第 101 页）

Les
typographes

m'excuseront de rappeler ici que les caractères typographiques consistent en primes rectangulaires dont l'une des extrémités porte en saillie la lettre, accentuée ou non.

Les
typographes

m'excuseront de rappeler ici que les caractères typographiques consistent en primes rectangulaires dont l'une des extrémités porte en saillie la lettre, accentuée ou non.

Les caractères typographiques consistent en primes rectangulaires dont l'une des extrémités porte en saillie la lettre, accentuée ou non.

Le5
typ■graphes

m'excuser■nt de rappeler ici que les caractères typ■graphiques c■nsistent en primes rectangulaires d■nt l'une des extrémités p■rte en saillie la lettre,

Les caractères typ■graphiques consistent en primes rectangulaires dont l'une des extrémités porte en saillie la lettre, accentuée ou non.

Minuscule
为超小字号设计

由法国设计师、研究员兼教师托马斯·霍特-马钱德（Thomas Huot-Marchand）创作的 Minuscule 字体，受到了路易-埃米尔·雅瓦尔的启发。他那关于我们观看和阅读方式的理论在本书的第一章有所涉及（←第 11 页）。Minuscule 字体是专为 6 点及更小的、直至被缩减至 2 点的文本而开发的，2 点这一字号大约是一个火柴盒大小的《圣经》里的脚注。通过彻底地测试这些极限尺寸的阅读情况，霍特-马钱德意识到，每减少一个点数，易读性会迅速下降，因此有必要为每一个点数设计一个单独的基准字体（或是基本形状）。他开发出 5 个版本，进行了优化，以在 6 点（Minuscule Six 字体）、5 点（Cinq 字体）、4 点（Quatre 字体）、3 点（Trois 字体）和 2 点（Deux 字体）中使用。所有 Minuscule 的字体版本享有共同的特征：大型的 x 高、有力的粗衬线、垂直轴线、开放的结构、巨大的字腔、粗细笔画对比度低。然而，由于点数变得更小，因而形式变得更为明显、更为基本。在 2 点中，字母 "o" 仅是一个小黑方块，小写字母 "g" 的封闭字腔也这么处理……很有效！

← 我们如何阅读？ 10
→ 文字设计的细节 113
→ 小字号和窄字体 137

选择字体

对一些设计师来说，选择一个项目的字体是设计过程中的亮点之一。他们耗时数天进行调研和在线测试，下载PDF的字体样本，比较字符集。相比之下，其他的设计师则会从他们熟悉的字库中迅速挑选一款字体。结果不一定是最好，也不一定会更糟。

关于哪一种字体对哪一项工作最适合，这个问题没有标准的答案，而是完全取决于语境、约束条件和个人品位。每一个与字体打交道的人，都需要培养对字体的敏感性，允许他或她有信心选择字体——永远都选择不同的字体或一直用相同的字体。如果了解什么是市场所需要的，一个时装设计师就能受益于面料和服装的知识。通过获得关于特定字体能起什么作用、不能起什么作用的知识，来缩小无限的可能性。

"安全的选择"：未必是最好的

许多网页文章和书籍都推荐过去数百年来的经典字体作为所有版面类型的安全选择。我们一次又一次遇到相同的名称，从Jenson字体到Gill字体，从Futura字体到Frutiger字体，当然也包括一些近期的字体，如为了保险起见算进来的FF Scala字体和Interstate字体。寓意永远相同：知名的就是可靠的。然而，这是一种无价值的简化。正如我们所看到的，每一种经典字体都有许多版本，有一些字体版本真的没那么好，有可能一款相对不知名的新字体反而更适合。（←第92~95页）

列出清单、提出问题

选择一种字体不仅涉及美学和个人喜好。选择一种适合此项目的字体，为了以后不会遇到困难，你先要问自己几个问题。

- **经费** 这个项目允许投资购买新字体吗？这可能是一个很好的借口，以此获得一些字体授权，用于将来的其他工作。可以确保客户能和你分摊这笔额外的费用吗？如果可以，预算是多少呢？

- **背景：客户** 你有一份完整的关于哪些字体必须使用的概述吗？这个小项目可能会是将一些更复杂、更具功能性的大项目的开端吗？譬如，你现在可能不需要表格数据，但如果客户想在6个月后要一份年度报告呢？是否需要一份涵盖多种语言的报告？客户是否计划不久后要占领欧洲中部、俄罗斯或希腊市场？或者是否需要为你所在城镇的土耳其和阿拉伯人群制作宣传册？他（她）可能还有关于风格的特殊要求，有些客户就是不喜欢古典体字或者粗体字，或者他们喜欢一切与几何相关的字体。这一切都需及时弄清楚。

- **背景：目标人群** 如果目标群体和你不一样（例如年纪更大或更保守），那么怀有一些同理心就是敬业的标志。将你的个人品位强加到那些你为之设计的人群身上，并不总是最好

这里那里

艺术家莫妮卡·葛利兹马拉（Monika Grzymala）创作出错综复杂的"因地制宜"的设计。柏林的 Kaune & Hardwig 工作室为她的作品目录采用了蒂姆·阿伦斯设计的 Facit 字体，这是一款有朝气、不刻板的无衬线字体。"书籍设计应该反映作品的外观和感觉——白色与黑色的交替状态。字体必须与这种反差相结合。Facit 字体提供了范围广泛的风格，所有风格的配备都很完善，甚至还带有小型大写风格的数字和分数。这使我们能雅致地展示各种层次结构，如主标题、副标题、引文和脚注。因为一切都是使用同一个字体家族，所以我们能够呈现一个'版面灰度'的组合——字号和对齐、大写字母和小型大写字母——并且仍然能达到一种和谐的效果。"

的做法。在任何时候,你必须让潜在的受众相信,无论你做了什么设计,都是为了他们。在更实用的层面上——你也许不相信(如果你不到 30 岁的话)在 45 岁之后视力的退化有多快。当然,人们拥有眼镜,但他们不会每隔 3 年都换一副新的。如果你还想跟退休人士交流的话,就忘掉那超细的无衬线字体吧。

- **功能** 你所要设计的出版物具有什么性质呢?它有用于沉浸式阅读的长篇文字吗?需要带点儿传统的精微的文字设计吗——换句话说,需要小型大写字母、正文不等高数字、特殊的连字吗?正文字体也能作为标题字吗?这样在大字号时就能提供足够的乐趣。如果你正在设计一个网页,或者所从事的项目可能包含一个网站,那么当你提议使用一款通过 Adobe(Typekit)、Fontdeck 或类似服务商授权给网站的字体时,可能会得到客户的欣赏。

- **品位、风格和气氛** 在字体选择上,有两种完全相反的态度。一种态度是,一直遵循你自己的喜好——此刻设置成你最喜欢的那款字体,不管是什么字体。另一种态度是,如奴隶般去适应语境:如果是 19 世纪的语境,那么字体必须为 Clarendon 或 Didot 字体;如果是关于现代主义的语境,那就不能是 Futura 或 Akzidenz 字体外的任何字体。但这两种态度都不理想。前者会导致荒谬傻气,后者会导致有关"得体"的无聊讨论,都是陈词滥调。

- **你的隐秘动机** 但话说回来,你可以有自己的一份计划:你想试验一下某位朋友的一款字体,或你想沉浸于一种神秘的令人痴迷的排版中。只要效果是尊重读者的,这些全都可以成为设计决策的一部分。

- **组合** 通常字体并不是单独被选出来的,而是作为一套文字设计调色板(typographic palette)的一部分——一个被用于一种出版物、一系列出版物或者视觉识别设计的小系统。巧妙的字体组合是提高文字设计趣味性的关键。更多关于这方面的内容参阅第 100 页。

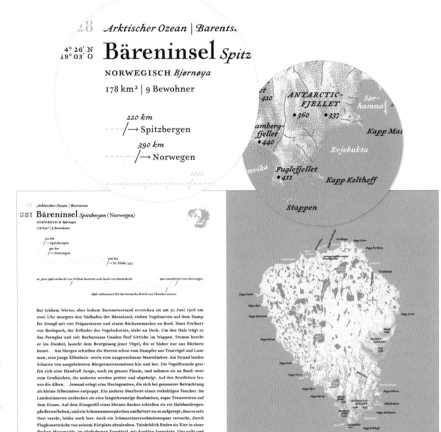

寂寞岛屿

柏林的设计师兼作家朱迪斯·莎兰斯基(Judith Schalansky)(她就是《Fraktur,我的爱》的设计师兼作者),是一个 200% 的双面天才,在她擅长的两个领域——文学和文字设计——用令人钦佩的气韵和风格表达了自己的想法。她的《寂寞岛屿:五十座我从未去过也永远不会涉足的岛屿》(Atlas of Remote Islands: Fifty Islands I Have Never Set Foot On and Never Will, 2010),不仅与语言有关,还与视觉信息有关。她所描述的每一个岛屿都通过一个个故事呈现出来,不过大多数故事是悲伤的,甚至十分悲惨。但这些悲痛和沮丧以简洁优美的语调描述出来,也能使读者有个好心情。虽然文字、地图和其他的信息图表基于事实,但莎兰斯基的处理方法唤起了一种虚构的感觉。正如她在前言中所阐释的,她这种对偏远地方的超然看法与她过去的民主德国背景相关:当她还是一个小孩子时候,民主德国与世界上大多数地方隔绝,大多数国家简直是遥不可及。

书中不真实和忧郁的气氛通过所选的字体反映出来:由艾伦·达格-格林(Alan Dague-Greene)创作的巴洛克 Sirenne 字体家族,既不属于当代字体,又非改刻字体。这是一本绝妙的文字设计小说。这个页面展示的是德国版的初版,MareVerlag 出版社,2009 年。

字体的组合

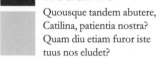

强对比、互补：Futura Bold 字体与 Garamond 字体。

保持在一个字体家族之内：FF Absara Head 字体与 FF Absara Sans 字体及其小型大写字母。

在一个项目中选择使用多种字体或字体家族，有多方面原因：打破单调、强调部分文本、识别重复的元素、建立一种层次。大多数情况下，字体的组合在于增加清晰度，使内容更易理解，以及通过建立一个有趣的文字设计的调色板，来提升阅读和浏览体验。

色调

"调色板"这个词描述的是：像调配颜色一样把字体结合起来。建立一个调色板时，主要关注的是寻找差异和"千篇一律"之间的平衡。把 Garamond Regular 罗马体与 Futura Bold 粗体结合，有点儿像把橙绿色和深蓝色并置在一起。这种对比很强烈，不过这些颜色能很好地结合起来，因为它们是补色。这两种字体同样如此。一种字体恰好有某种风格，而另一种没有，然而，这两种字体配合得很好，可能是因为它们有相似的部分——两种字体都与古罗马铭文大写字母有关。一种更为温和的策略可能是，将字体家族或超大字体家族的字体结合在一起，这类似于把近似色放在一起，例如棕色和红色。

尽管色彩理论是一套应用广泛的原理，但对于字体组合还没有一套公认的理论。一部分原因是每天都产生新字体，另一部分原因是字体有太多要相互作用的层面——比例、字重、形状、基调、历史内涵——因此做出"好"的字体组合会非常主观。

不过，还是存在一些经验法则：不要使用太过相似的两种字体，例如两种略微不同的无衬线字体；当在一份文本中混用字体时，检查一下 x 高是否相似；训练你的眼睛，以识别风格上的类同；当产生疑惑时，使用同一个超大字体家族的字体。

文字设计调色板

以 4 个案例说明文字设计调色板依据不同的原理建立。

← 高雅。Didot Display 字体和 Brandon Grotesque 字体都很迷人，属于历史风格的个性化诠释。它们非常不同，但看起来有着相似的外观。

↙ 冲突。用于正文的一款等宽字体（Simplon BP Mono 字体），代表了一种当代的、艺术的设计。在这里结合了一款粗体的、像 Helvetica 字体的、来自同一个字库厂商的 Suisse BP Int'l 字体，以及一款刻意不协调的标题字体，即当代的哥特体 Fakir 字体。

↗ 和谐中的对比。来自 Thesis 超大字体家族的字体组合：TheSans 长粗体和 TheSans 特粗体的小型大写字母与正文 TheAntiqua 字体衔接，后者是为 Thesis 字体家族设计的一款古典体字体。

→ 趣味。有表现力的字体对比展示了美式风的调色板：Archer 粗衬线体、Breuer Text 正文无衬线字体和像 Bodoni 字体的 Anne Bonny 字体。

古怪的个性、强烈的风格

《国际邮差》

设计师马克·波特（Mark Porter）重新设计了法国的政治杂志《国际邮差》（Courrier International），他为这震惊一时的设计选取了一套不寻常的字体组合。他解释道："我经常发现再设计或新开展的文字设计策略，是以逻辑和直觉为基础的。几乎在我快完成对《国际邮差》的调研时，一幅黄色背景上的 Omnes 粗黑体的形象就在我脑海里冒了出来。

"在考虑法国字体时，我想到了罗歇·埃克斯科丰（Roger Excoffon）和罗伯特·玛辛（Robert Massin）强烈的风格。Omnes 字体字符数量巨大，具有一定程度上的古怪风格，感觉《国际邮差》适合这一传统。它也是一份独特、古怪得非常有个性的出版物。当我们着手设计这份刊物时，我们发现有了这个字体，这份法国刊物看起来相当好——当用其他语言设计时，选择适合这种语言的字体非常重要。

"我认为非常有特色的无衬线字体搭配一种经典的衬线字体会很有趣，因此我们对比了各种选择。

"Freight 字体（←第97页）很明显是一款首选字体，因为我经常发现由一位设计师创作的字体之间结合得很好。这不存在什么逻辑上的原因，因为字重、字宽、x 高等可以有很多变化，但在乔舒亚·达登的作品中，确实感觉到这些字体存在一致的情感，他的作品在这两种字体的配搭使用中创造了一种和谐。

"Freight 字体的另一个优点在于，它具有如此宽泛的字重和层级。我们喜欢它的展示字体，但这个字体太过高雅，对《国际邮差》所报道的一些重要新闻来说不够刚毅。所以我们选择了它的 Micro 超小字体作为新闻字体。这款字体最初是为用于小字号而设计的，因此它具有一种故意的生硬感，这使得新闻版面上的大标题有一种更加强烈的紧迫感和动感。"

不用现有字体（Font）也能做出"字体"（Type）

在文字设计国际论坛［像Typophile或MyFonts公司的文字设计论坛（WhatTheFont Forum）］上，用户经常会询问哪一种字体能用在一种特别的标志或商店招牌上，并且贴出的图片可以突显手绘文字。显然人们很难想象，一位设计师能够（或倾向于）精心地绘制一次性的字体，尽管大量的现成字体被使用得越来越频繁，数量也愈发庞大。

设计师有充足的理由把他们自己的字形在纸上或Illustrator这样的软件上绘制出来。通常这样做纯粹是为了制作的乐趣，使用自己设计的文字也可以看作一种把设计师签名加入设计里的有效方法。有时设计师会产生一种瞬间的想象，即对一个特定项目而言，哪种字体会是最完美的——然而它还不存在呢。当你设计自己理想的文字时（在你正常的工作时间以外，如果有必要的话），很难抑制全面控制的这种感觉。

↖ 菲利普·埃皮罗格，为ABF（法国书籍馆员协会，French Librarians' Association）第55届会议制作的海报，2009年，118cm×175cm，丝网印刷。埃皮罗格将自己设计的海报个性化，主要是为文化领域的客户创作。每一个项目都设计定制的字母。

↑ 《波莱特》（Paulette）是一本法国杂志，读者主要是参与视觉与编辑决策的人们。设计师卡米尔·布路易（Camille Boulouis）在她设计的杂志刊名中使这种密切的关系可视化，因此有些手绘的样子。这并非一个纯粹的手写标志，布路易选择了一种介乎印刷与手写之间的形式。

← 荷兰设计师雅布·伍特斯（Job Wouters），因其有机形的、手工的、简易的文字设计而闻名。这幅为阿姆斯特丹贝勒维剧院（Bellevue Theatre）创作的午间剧场系列海报，展示了一个众所周知的主题。

有机的绘制文字

受到超现实主义、迷幻海报、加泰罗尼亚传统图形和低级漫画的折中风格的启发，扎根于巴塞罗那的设计师阿莱士·特罗舒特（Alex Trochut）使用组合的技术创造了惊人的文字作品。这张海报是为肯塔基州路易斯维尔市的 W. L. 里昂·布朗剧院（W. L. Lyons Brown Theatre）举行的 Decemberist 音乐会创作的（客户：Red Light Management，2009 年）。该设计混合了铅笔绘制和以 Photoshop 软件为主的数字技术。

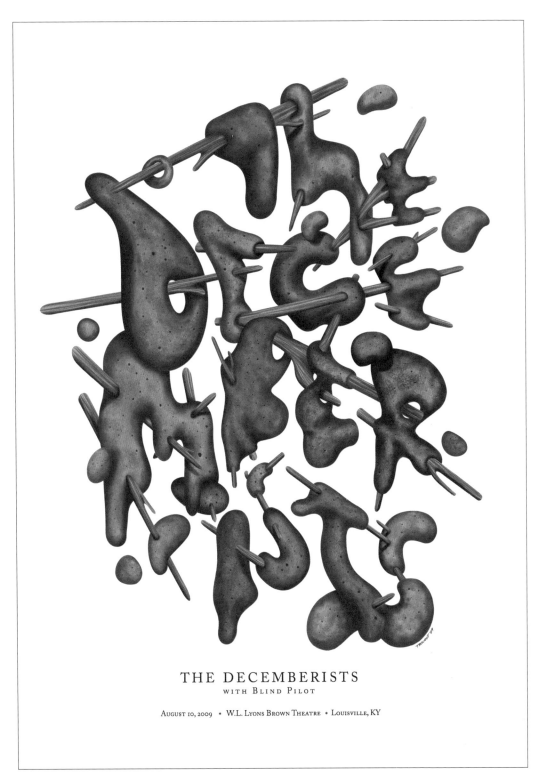

← 封面 26
← 字体的模块化 88
→ 风格与立场 142

手写体：字体还是绘制文字？

That room had such an odd character

NORMAL BELLO SCRIPT

That room had such an odd character

BELLO PRO WITH AUTOMATIC OPENTYPE LIGATURES & ENDING SWASHES

直到1960年左右，手绘文字司空见惯：专业设计师和插图师为广告、海报和画报绘制标题。他们是发明创新字形的能手。20世纪六七十年代，成千上万种展示字体在照相排版和干式转印技术中出现，手绘技术逐渐过时。最近，手绘文字卷土重来。一些设计师使用铅笔、钢笔和笔刷，或者创建有维度的文字，然后拍下照片，也有许多设计师运用Adobe Illustrator等软件来创作数字字体。

矢量轮廓技术生产的这些单个字形和绘制一套完整字体的技术是一样的，结果可能具有相同的光滑度。但由于绘制文字艺术家创造的是词语和句子，而不是单个字符，因而他们可以弯曲或塑造每一个字母，使之适合所处的语境：为了更好地连接之前及之后的字母，一个"o"或"n"可能和另一个"o"或"n"有差异。

用现有字体制作的文本与手绘文本之间的差异，并不总是那么容易发觉。当一个标题被设置为一款包含很多备选字符和连体的复杂的OpenType字体时，甚至会变得更难分辨。为用户选择字符提供了多样的变体，允许他（她）创建几乎和手绘文字相差无几的标题。Sudtipos字体公司和Underware设计公司创作的手写体是这种字体魔术流行的示例。

用字体来做设计

Underware设计公司的Bello字体和阿莱·保罗（Ale Paul，Sudtipos字体公司）的Buffet字体，都有力地模仿了用笔刷书写的标牌和标题字。通过使用大量的备选字符——如连体和"花式书写笔形（主要指起笔收笔）"——来模仿手绘文字自然产生的特点。

了解和选择字体 · 105

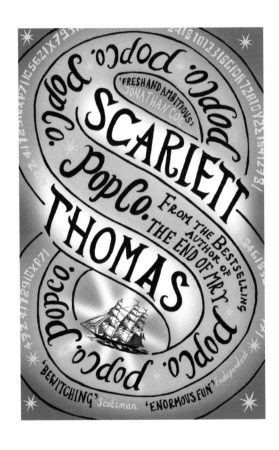

手绘文字

↖ 鲍德韦因·耶斯瓦特（Boudewijn Ietswaart）为 Querido 出版社在 1966 年设计的书衣。

↙ 今天，越来越多的设计师选择手绘，而不是现成的文字，要么使用数字技术，要么在纸上绘制，或者两者结合。这是杰西卡·希舍（Jessica Hische）用矢量绘图程序设计的杂志标题。

↑ 20 世纪 50 年代一个美国香烟广告的标题，作者不详。

↓ 书籍封面由乔纳森·格雷（Gray 318）设计。

← 封面　26
→ OpenType 功能　126
→ 风格与立场　142

寻找与购买字体

虽然一台新电脑或一个新操作系统通常会带有一批系统字库，Adobe和微软等公司提供的设计和办公软件也带有字库，但我们还是有充足的理由来构建自己的字体库。个人品位、独特性或技术需求可以成为为某一个或多个项目购买新字体的动机。通过网络获取字体是轻而易举的事情，大多数字库厂商支持直接下载。

授权与最终用户许可协议（EULA）

严格来说，字体（像其他种类的软件一样）不是购买而得的，你无法拥有一款字体。你所获得的是在明确的限制条件内使用该款字体的授权，这些字体就位于一份被称为"最终用户许可协议"的文档里。不同的字库厂商有不同的最终用户许可协议。例如，计算机里可以安装的字体数量可能有所不同，同样，在PDF文件或网站中嵌入字体的规则也有所不同。通常修改字体文件需要特殊的授权，例如增加字符。

要使用一款字体来设计一个标志的平面设计师，必须持有一份合法的许可。他或她的客户，将会收到以图形文件格式出现的标志，客户不需要一份许可来使用这款字体。虽然标志中包含了这款字体的一些字母，但并不包含字体文件本身。客户无法用该字体设置任何文本。

如果客户希望在他们自己的电脑上让这款字体用于往来信件、PowerPoint演示文件或价目表等，那情况就会非常不同。由于通常的情况是禁止与第三方共享字体，那么把你为工作而购买的字体拷贝给你的客户，是非法的。甚至与其他自由职业者同行们共享一份许可也是不被允许的。

许多专业人士对这些规则持有一种出人意料的放松态度，并很愉快地拷贝字体给他们的业务伙伴，在包括编辑设计或企业识别设计的合作产品上使用。无论是谁这样去做，都是把对方暴露在真正危险的境地之中。商业软件联盟（Business Software Alliance）等机构会进行审查，侵权行为可能会导致昂贵的法律诉讼。

为了合法地使用字体，每一家公司需要为适当数量的计算机购买许可证。许多标准版许可证允许被安装在同一个地点的5台电脑上。希望能在更多数量的电脑上使用字体的机构，就需要一组许可证。

位于柏林的字库厂商Just Another Foundry（之前在伦敦）是由蒂姆·阿伦斯和松湖·麦仓（Shoko Mugikura）运营的。他们通过自己的网站，以及MyFonts公司和FontShop公司等经销商供应他们的字体。阿伦斯还为字体设计师开发了一系列设计工具，被称为字体混合生成器（Font Remix Tools）。

字库厂商与经销商。在哪里购买字体

在全球范围的层面，大概有1000个独立的字库厂商和字体设计师出售他们的字体。他们当中的许多人都有自己的网上商店，字体能在此被查看、订购和下载（有些字库厂商或字体设计师通过电子邮件或DVD光盘发送商品给你）。在这些知名的小型字库厂商中，拥有自己的在线商店的是卢卡斯·德赫罗特（lucasfonts.com）、埃里克·奥尔森（Eric Olson, processtypefoundry.com）、让·弗朗索瓦·波切斯（Jean François Porchez, typofonderie.com）、尼克·希恩（Nick Shinn, shinntype.com）、弗朗齐歇克·施托姆（František Štorm, stormtype.com），以及Underware公司（underware.nl）。部分小型字库销售商会团结在一个被称为"村落"（Village, vllg.com）的母公司之下。如今，越来越多的独立字体公司成立，它们包括了由设计师设计的各种字体。备受推崇的发行商包括Canada Type公司、Dutch Type Library公司、Emigre公司、Font Bureau公司、House Industries公司、Hoefler & Co., 公司、Lineto公司、OurType公司、P22公司、ParaType公司、Primetype公司、Typotheque公司和TypeTogether公司。

大多数的用户没有直接从字体制作者那里购买字体，而是在字体超市里购买。除了自己的FontFont字库系列之外，FontShop公司的网络还代理了许多其他的字库厂商。跟一些较大的字库厂商比起来，MyFonts公司代理了最多的小型独立字库厂商的字体。与许多其他字库厂商一起，蒙纳公司的网上商店（Fonts.com）和莱诺公司将自己的字库和许多其他字库放在一起销售。Veer公司是一个服务于业内人士的精品字体商店。一些国家的字体经销商有着更多本地的客户基础，如英国的Faces公司和美国的Phil's Fonts公司。

然而，还有相当数量的字库厂商并不与分销商合作，而是直接将产品销售给客户。在这里提几家公司：英国的Jeremy Tankard公司、荷兰的The Enschedé Font Foundry公司，以及瑞士的几家公司，包括B+P Swiss Typefaces公司和Optimo公司。

为什么要为字体买单？

一款好字体是一种专业的平面设计工具，能帮助用户解决视觉传达问题，并帮助客户从竞争中脱颖而出。因此字体不仅具有技术和审美价值，还能提供专有属性，正如公司为独一无二的广告或者会议室质量较好的椅子买单一样。如果设计师设法解释个性化文字设计的重要性，客户甚至可能会接受为一款字体付费。

但分发盗版字体很容易，有些人由于不合时宜的理想主义而这样做。他们认为所有数字化的东西都应该是免费的，然而字体设计师往往是个体经营并挣扎度日。任何将零售字体免费发放的人——尤其是同行设计师——应该意识到，对字体设计的同行而言，这意味着一句真诚的"去你的"。

每一款数字字体的价格范围从零到大约200美元/欧元不等，大多数高质量字体的价格范围为30~80美元（打包销售的话，甚至会更便宜）。毫无疑问的是，与铅印或照相排版时代将文本排版成栏的成本相比，价格低于以往。

那免费的字体如何？

网络是免费字体的巨大来源。不过，在"真正的"项目上使用它们可能会有风险。网络上的许多字体仅包括一种字重，并带有一个非常有限的字符集，缺少必要的组成部分，如读音符号、欧元标志或其他重要的符号。由于这些字体可能是由一个初学者很糟糕地设计出来的，所以它们可能会导致技术问题或打乱生产流程。

好消息是，也有优秀的免费字体完全适合专业的设计工作。这些字体是出于理想主义赠送的，或是作为一种公关策略的一部分。Paratype 公司的 PT Sans 字体和 Bitstream 公司的 Vera 字体就是可以免费使用的字体。Aller Sans 字体是由多尔顿·马格（Dalton Maag）为丹麦媒体与新闻学院设计（Danish School of Media and Journalism）而免费发行的。Google 付费让几位设计师的字体可以提供免费下载服务。此外，越来越多的设计师和发行商让一个字体家族的数个字重被免费使用，以此希望买家会购买字体家族其他字重的字体。荷兰人霍斯·布伊文加（Jos Buivenga）就是这种模式的先驱，他创作的 Museo 字体就采用了这种运营模式。

在发布他的第一个商业字体 Museo 之前，荷兰设计师霍斯·布伊文加开发了几款免费字体，经由他的 exljbris 公司推出。

Danmarks
Medie- og
Journalist-
højskole

Aller Sans

ⱥbcↄCƉDƏəEƐFGGHIkŁɯNƝƉ
PᵽPʀSɛTTTƯƱƲƳZƷ358Æ
abcdefghijklmnopqrstuvwxyz
ɓɓɓdbbçɕcɔcddđðèéɛɜɘəfgg
ɦɧhijɟɉkʞkʟɭɫɬʎmɱnɲɳŋŋŋ
ɵøɸpɖqrɾɽɼɺɻʀʁßʃșſtţțtʈʊ

Gentium

ALEXANDER
WILLIAM
ALFONSO
VALDEMAR

AW Conqueror

Weimargefons
Weimargefons
Weimargefons
Weimargefons

Yanone Kaffeesatz

免费字体

从左上角开始顺时针方向：Aller Sans 无衬线字体是由多尔顿·马格为丹麦媒体与新闻学院设计的。该学院让全世界可以免费使用这一字体家族的标准版。Arjo Wiggins 纸业公司委托让·弗朗索瓦·波切斯设计了这套高贵的展示字体 AW Conqueror，作为他们刚古纸促销活动的一部分。Kaffeesatz 字体是德国设计师亚诺内 [Yanone，即扬·杰纳（Jan Gerner）] 创作的第一款字体。在成为一款非常受欢迎的免费字体之后，它被谷歌公司授权，作为免费的网络字体。亚诺内把该设计进一步开发成为更精致的 FF Kava 字体，由 FontShop International 公司发布。维克多·高尔特尼（Victor Gaultney）设计的 Gentium 字体作为一款配备极其完善的多语种"国际字体"，由理想主义的 SIL 机构提供免费安装。

屏幕上的字体：一些确凿的事实

在提到"文字设计"这个词时，许多人仍然会想到印刷品。屏幕阅读很快变得比在纸上阅读更为常见。我们在显示器上阅读大量文本：电子邮件、新闻、博客文章、整本书等。2011年，亚马逊公司公布电子书的销量首次超过印刷书籍。谈及写作，文本的生产和设计现在几乎转移到了电脑上。

许多为印刷而研发的文字设计原理，大致也适用于屏幕。唯一相当大的差异就是分辨率。

分辨率与每英寸点数

在胶版印刷中，最精致的细节是可见的，现在即使是价格实惠的激光打印机也能呈现清晰的细节。屏幕上的显示是粗糙的。所有的信息，无论是照片还是字体，必须在一个正方形的像素网格中再现。单个像素越小，它们越靠近，图像或文本就更好，细节就更多。

大多数平面设计师对DPI（每英寸点数）单位很熟悉。我们都知道，要在胶印中印刷出质量好的图像，300 DPI的分辨率是一个最低的安全值。当为屏幕阅读而设计时，一切都是相对的。英寸实际上没什么价值，唯一相关的元素就是像素。那么像素有多大？这也是相对的，取决于屏幕的尺寸和分辨率。作家经常提到72 DPI是屏幕的分辨率，不要上当。在1984年时是真的，当时第一台苹果Macintosh电脑确实显示每英寸72像素（PPI）。这在过去相当实用，因为这曾意味着单个像素相当于1派卡（=1/72英寸）。在早期的Mac电脑屏幕上，一个特定点数的字体跟打印在一张纸上一样，占用相同的空间；但比起平版印刷菲林或者锌版上的字，在较为粗糙的像素网格上的字体占更多空间。

当今屏幕阅读

今天的显示器拥有高度可变的尺寸和分辨率。台式电脑显示器的像素通常在70～130 PPI，而手提电脑的像素更高。可以做个比较：电视显示器的显示像素大约只有20～50 PPI。很难说显示器的平均分辨率是否会在不久的将来大大提高。我们仍在等待可升级的、独立于分辨率的操作系统。高分辨率显示只在小尺寸智能手机中提供，例如iPhone 4，该手机为对角线为3.5英寸视网膜显示屏提供了960像素×640像素，相当于326 PPI。此外，有利于文本显示的像素被用于显示位图文件（网上现有的无数照片和图片）时可能有问题：它们看起来只会更小。

亚马逊公司的Kindle和索尼的阅读器使用的显示技术是一个例外。这些阅读器基于电子墨技术，利用微小如人类头发粗细、随机分布的微胶囊的开启和关闭（黑/白）来控制。其效果更加接近印刷，其结果是一个更清晰的图像。电子墨（电泳液）也使用更少的能源，因为它不像液晶显示屏那样需要背光源。有些人认为这是一个缺点，因为读者需要环境光进行阅读。尽管如此，该系统可能预示着未来的发展。不过它仍然需要克服一个主要局限：电子墨无法显示颜色和视频。

栅格化与小字号低解析度屏幕显示优化

对基于像素的屏幕而言，基本问题仍然存在：要显示文本、直线和曲线组成的形状，必须投射在像素网格上。这个过程被称为栅格化或渲染，需要妥协。如果屏幕只显示纯黑白，

Emigre公司的苏珊娜·利奇科可能是第一个运用低分辨率作为创新契机的字体设计师，为了对应苹果最初的Macintosh电脑粗糙的屏幕分辨率，她在1985年创作的Emigre字体、Oakland字体和Emperor字体把点阵作为一种视觉特征，而不是一个不利因素。那些早期的基于点阵的字体，现在以名为Lo-Res的字体打包销售。

How quickly daft jumping zebras vex
How quickly daft jumping zebras vex
How quickly daft jumping zebras vex
How quickly daft jumping zebras vex
How quickly daft jumping zebras vex
How quickly daft jumping zebras vex
How quickly daft jumping zebras vex
How quickly daft jumping zebras vex
How quickly daft jumping zebras vex

高分辨率的轮廓字体

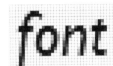

网格上的屏幕字体，没有做抗锯齿边缘优化

灰度抗锯齿边缘优化字体

亚像素渲染字体

← 小字号低解析度屏幕显示优化功能关闭以后的文本截屏，字体由底层的像素网格随机变形。小字号低解析度屏幕显示优化，帮助字形以更规则的方式落到网格上。

↑ Kindle 屏幕的微距照片，呈现出电子墨的运行状况。电子墨像胶印机随机网屏一般，使用的不是一种常规的像素网格，而是随机的。该图片获杰弗里·哈佩曼（Jeffrey Hapeman）授权使用。

↙ 一款使用灰度抗锯齿边缘优化的平滑字体，栅格化软件会计算每个像素被字形覆盖的比例，将结果转换为一种较浅或较暗的灰度值。这使"锯齿"软化，但同时也会使文本看起来没那么清晰。例如，如果 2 个垂直笔画介于 2 个像素之间，那么一条约 1 个像素宽度的清晰黑线会转变为一个有 50% 灰度的 2 个像素宽的笔画。

只有两种状态：如果像素处在轮廓之内，就是打开的，当处在轮廓之外时，则会被关闭。如果细节过多或"偏离"一个像素的边缘，它将会消失。两个完全相同的形状不一定以相同的方式存在于网格上，因此，可能会发生相同的字符有不同显示的情况。

为了避免字母在低解析度屏幕小字号显示时变形，额外的信息会打包进一款字体，即进行小字号低解析度屏幕显示优化处理。例如，字体能告知栅格化程序，横笔宽度至少应该有一个像素大小，以及所有的字干应该保持同样的宽度。由于字母在每一种像素大或小时看起来不同，小字号低解析度屏幕显示优化必须包含每一个相关尺寸，例如 7、8、9……24 个像素高。如果要处理好，这部分需要人工操作——一份非常昂贵的工作。只有极少的字体需要手动设定小字号低解析度屏幕显示优化至所有相关字号。这需要精心地处理，例如，核心的系统字体，如 Arial、Verdana、Georgia 和 Courier——这就是为什么这些字体在任何屏幕上看起来通常都是最好的，尤其是在 Windows 系统的机器上。

抗锯齿边缘优化与亚像素渲染

即使有良好的小字号低解析度屏幕显示优化，黑白像素网格上的圆形和倾斜的形状上会产生可见的"锯齿现象"。这些现象可以通过添加灰度来减轻——一种被称为抗锯齿边缘优化技术。简单地说，这是一种使字体轻微模糊而令其在屏幕上看起来更平滑的方式。抗锯齿边缘优化的一个更为复杂的形式是亚像素渲染。这种技术利用了常规彩色液晶屏幕上每个像素由 3 个微小的"彩灯"组成的结构，3 种颜色分别是红色、绿色和蓝色。通过分别控制这些彩色的亚像素，增加彩色的半色调值，从而模拟出更好的分辨率。

屏幕上的字体在跨平台时的运行状况有很大差异，尤其是 Windows 系统和 Mac 系统进行比较时。这是因为这两种系统在屏幕上渲染字体的原理是完全不同的。

对设计师而言——尤其是网页设计师——这基本上意味着一件事：应该在所有相关操作系统和程序中测试每一个跨平台的页面。设计师必须意识到，在他们的屏幕上看起来不错的东西（通常是苹果电脑），在其他地方观看时，可能会很糟糕。

← 网络上的字体　32
→ 网络字体　110
→ 动态文字设计　154

年度网络字体

网页设计师已经认同的是,所设计的最终结果可能完全无法预知。网页在用户的屏幕上显示时,有许多变量是未知的。这个区域的面积是多少?分辨率是多少?颜色如何显现?

直到最近,网页设计这种"开放"性同样也适用于字体。设计师选择字体的自由度非常少,不得不将他们的选择限制在所谓的网页安全字体上:Arial、Times、Georgia、Verdana和少量安装在几乎所有电脑上的其他系统字体。这是因为网站必须使用安装在用户电脑上的字体来呈现文本。想使用与众不同的字体的网页设计师,需要将文本转换为图像文件(gif、jpeg或png)或者Flash动态格式。正如我们所见(←第32页),保存为一个图像的一份文本,无法再被计算机读取。图像对搜索引擎而言是不可见的,图像也不能被选择并复制,而每一份文本的变化都要提供一个新图像。

@font-face(能够在服务器上自定义的屏幕字体)

当然,解决方案是将网站的HTML代码同字体一起提供。当@font-face的HTML标签被引入时,这将成为可能。它允许把字体链接到远程服务器上以进行内置,类似于在网上任何位置嵌入图像或声音文件。最好的办法是通过CSS(层叠样式表),有效地制订整个网站的文字设计样式表。仍然欠缺的是在浏览器厂商之间格式和标准化的共识。例如微软,引入了嵌入式OpenType格式(Embedded OpenType,简称EOT),但这种仍在使用的字体格式,只支持微软自己的IE浏览器。

另外有一群人(字体设计师和字库厂商)就没那么高兴了。一份随网页内容下载的字体文件,可以很容易地保存在硬盘里,以及能被任何聪明的黑客转换成一种可用的字体。尽管字体供应商和字体设计师意识到,网络是一个重要的新市场,但他们认为字体嵌入是招致侵犯版权的行为,需要有保密措施。

网络开放字体格式(WOFF):内置的监视者

设计师兼程序员埃里克·范·布劳克兰德和塔尔·莱明(Tal Leming)曾与Mozilla公司(火狐浏览器的厂商)的开发人员乔纳森·丘(Jonathan Kew)一起共事,提供了一种可行的方案。新的字体格式网络开放字体格式(WOFF)在2009年发布,并在第二年成为字体界和网络界接受的新标准。WOFF格式压缩了字体,允许生成字体子集(只使用所需要的字符部分),还允许添加元信息,如版权和使用许可。对许多字库厂商而言,WOFF所提供的封装为非法使用网络字体者做出担保。理论上,WOFF字体仍有可能被破解,但必须克服几个障碍,这使得恶意行为能被一眼看穿。

租字体

截至2010年,网络文字设计的未来看起来相当美好:网络设计和印刷有了同样的可能性。然而,托管和嵌入网络字体相对而言很复杂。因此,一些专业网络字体托管服务公司成立于2010~2011年。Typekit、Webtype、Fontdeck、WebINK、蒙纳,以及其他托管字体公司,每一家都提供来自各个字库厂商、带有不同托管模式的字体,这些模式的定价取决于字体使用的方式,会考虑到带宽、网页浏览量和域名的数量。由于这些是订阅式系统,使用这

↓ Typekit公司实际上是网络字体领域的市场主导者,托管了由几个著名的字库厂商所提供的网络字体,包括FontFont公司、Exljbris公司(霍斯·布伊文加)和TypeTogether公司。后两家字库厂商还参与了MyFonts公司的网络字体项目,提供用于出售的webkit浏览器引擎,而非因竞争而提出的订阅服务。

些服务就像租字体。一些字库厂商，包括荷兰的Typotheque公司，有自己的程序为网络字体提供托管。现在谷歌提供的网络字体服务很流行，免费提供一个不断增长的字体库。目前，MyFonts公司是唯一不提供托管服务，但以常规字体价格提供网络字体工具包的经销商。

字体格式问题的解决方案只是第一步。与此同时（2011年年中），新的问题已经显现。许多提供的网络字体，并非如预期的那样有用。许多网络字体适合于标题，但作为正文字体时看上去非常糟糕。其他的网络字体，如Sudtipos公司及其他字库厂商的手写体字体，需要OpenType格式的支持来使用复杂的连字和备选字符，而网络尚未提供这样的功能。最为常见的问题是糟糕的小字号低解析度屏幕显示优化：尽管非系统字体通常会在网页设计师的苹果电脑上看起来很好，但在Windows电脑上观看时会很脆弱，尤其是使用微软IE浏览器时。此外，加载网络字体会让网站速度变慢。目前正在通过试验有限字符集（字体子集）和用小封装的方式递送字体来解决这些问题。

换句话说：网络字体还有很长的路要走。

→ 数字品牌策划公司（GOOD Corps, goodcorps.com）的网站，把文字设计作为其视觉风格的一个重要组成部分，不仅混合了不同的字体，还提供这些字体的服务：Webtype公司提供Monotype Sabon字体，Typekit公司托管FF Bau字体，Fonts.com为Trade Gothic字体提供网络字体服务。按照设计师们的说法，即便使用3种不同的来源，页面加载仍然比等效的Flash或图像替换技术来得轻松。

← 网络上的字体　32
← 购买字体　106
← 屏幕上的字体　108

《菲利普·斯塔克》(Philippe Starck)这本书的索引,该书的作者为皮埃尔·多兹(Pierre Doze)、索菲·塔什曼-阿纳吉罗斯(Sophie Tasma-Anargyros)和伊丽莎白·拉维尔(Elisabeth Laville)。设计师马克·汤姆森把字母表当作水平的脊柱来使用,横贯跨页的视觉中心,创造了一种可瞬间访问的索引形式。这种形式并没有因为非常规的形式而令功能受损,恰恰相反,这种做法提高了功能性。

文字设计的细节

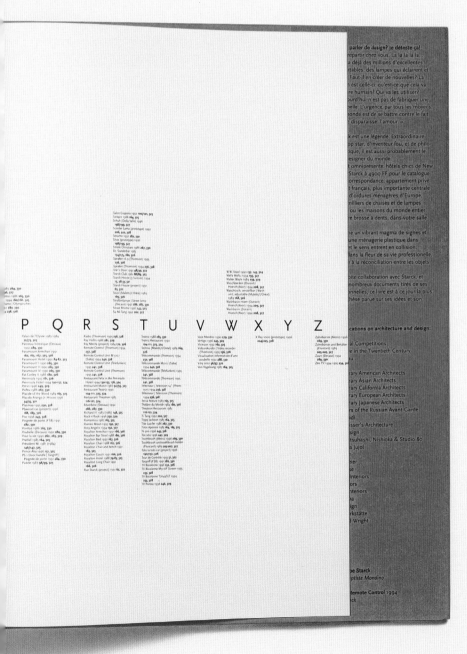

使文本看起来正确

美的定义由人们的眼光而定。在很大程度上，一本书或一份杂志是否"看起来很棒"，与品位有关。但除了个人偏好，肯定也能识别出品质。一段文字是否被设置得很和谐，能辨认出文字设计上的毛病并进行修正？留意一份文本看起来平淡无奇，是否因为这正是设计师想要的，还是因为文本从未超越过默认设置和使用以"A"开头的默认字体？

"细节决定成败"，建筑师密斯·凡·德·罗（Mies van der Rohe）曾经这样说过——尽管并非每个人都会注意细节，但任何文本造型的专业人员应该对细节很敏感。一件平面设计（或文字设计）作品的吸引力、功能和亲和力可能取决于这几个因素：

● **文本格式**
字体和字体尺寸与其他的选择相关：栏宽，各级标题，次要文本如序言、引文、注释和说明等。

● **段落格式**
文本行长与行距和字号的关系，缩进和段首凸出，对齐方式（左、右、中间、两端），字距，等等。

● **精微文字设计（Microtypography）**
调整每一个可怕细节的精细工艺，以达到在最小的层面上实现非凡的文字设计效果。

我们将在这一章逐步把镜头移近到使文本活跃起来的细节上。

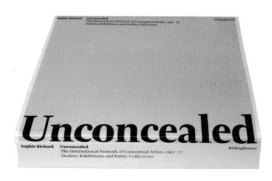

《公开：1967～1977年国际网络概念艺术家——画商、展览和公共收藏》（*Unconcealed: The International Network of Conceptual Artists 1967–77—Dealers, Exhibitions and Public Collections*）的书衣和其中一个页面的细节，该书作者为索菲·里夏德（Sophie Richard）。设计师马克·汤姆森仅使用了弗莱德·斯梅耶尔斯创作的一个字体家族Arnhem，设置了一本复杂的书——充满了脚注、列表和表格，通过仔细微调字体的大小、字重、数字的样式、栏宽和行长来创建清晰度和连贯性。

paper drawings, *Relaxing. From Walking, Viewing, Relaxing* (1970). The artists performed a 'Living Sculpture' during the opening.[45]

Fischer first met Gilbert & George at the opening of *When Attitudes Become Form* at the ICA, London, in September 1969.[46] The artists performed an informal 'Living Sculpture' at the opening; at the end of the evening Fischer asked them to show with him.[47] The dealer first arranged performances elsewhere in Germany to build their reputation before their show in Düsseldorf.[48] Gilbert & George performed the *Singing Sculpture* during Prospect 69 (September–October 1969), although not as part of the official programme.[49] Their work was also included in *Konzeption/Conception* in Leverkusen (October–November 1969) and in *between 4* at the Kunsthalle Düsseldorf (February 1970).[50] Thus Gilbert & George's work had already been presented in various contexts that associated them with Conceptual art before their first solo show with Fischer in Düsseldorf.

between two official exhibitions. See: Jürgen Harten (ed.), *25 Jahre Kunsthalle Düsseldorf*, Städtische Kunsthalle, Düsseldorf, 1992, unnumbered pages. See also the recent exhibition *between 1969–73 in der Kunsthalle Düsseldorf, Chronik einer Nicht-Ausstellung* at the Kunsthalle in Düsseldorf from 27 January to 9 April 2007.
51 See: Database 3, Section Gilbert & George (Appendix 1.3).
52 *Gilbert & George, Art Notes and Thoughts*, Art & Project, Amsterdam, 12–23 May 1970. See: *Art & Project Bulletin*, no.20, 1 March 1970. This bulletin was sent from Tokyo because Art & Project temporarily moved their activities to Japan from February to April 1970. Via their bulletin, the gallery functioned as easily in Tokyo as in Amsterdam.
53 *Gilbert & George, Underneath the Arches, Singing Sculpture,*

Galerie Heiner Friedrich, Munich, 14 May 1970. See t[...] organised by Heiner Friedrich, in Urbaschek, *Dia Art [...] op. cit.*, p.233.
54 Letter from Fischer to Gilbert & George dated 15 [...] in Korrespondenz mit Künstlern 1969–70, AKFGD.
55 *Idea Structures*, Camden Arts Centre, London, 2[...] 1970. Artists: Arnatt, Burgin, Herring, Kosuth, Atkinso[...] Baldwin and Hurrell.
56 Charles Harrison (ed.), *Idea Structures* (exh. cat.[...] Borough of Camden, London, 1970.
57 *Art-Language*, vol.1, no.2, February 1970 (contrib[...] Atkinson, Bainbridge, Baldwin, Barthelme, Brown-Da[...] Hirons, Hurrell, Kosuth, McKenna, Ramsden and Th[...]

文字设计的邪恶

"字体犯罪""文字设计的罪""你永远不该用字体做的事":文字设计师对书籍、网站和异常细致的丝网印刷的海报中的文字设计和版式上的瑕疵令人很恐慌,以此来判断他们肯定不是宽容的一群人。在某种程度上,他们是这样的人。他们关注细节,以他们的热情去说服世界文字设计的重要性,有时候他们会忽视大局。许多平面设计师很少痴迷于文字设计的细微之处,而更喜欢专注于概念和仅仅是耸耸肩的沟通,忽略有关缩写及所有格符号,错过连字机会,并继续他们的工作。诚然,有时候他们确实会有一些古怪的缩写及所有格符号错误。

礼仪

那么文字设计的正确性究竟有多重要,那些违反文字设计的"规则"和"原理"的罪行有多么不可饶恕?着眼于这些规则(其中大部分更像是惯例和习惯)的一种方法是,视之为一种礼仪。在许多国家,人们进入一所私人住宅时会脱下鞋子。这被认为是一种礼貌,这种做法也很实用:减少污垢、减少磨损。在其他一些国家,第一次登门拜访时就脱下鞋子可能被视为一种失礼。即使这些习惯被忽略,生活也不会改变,但是意识到它们的存在是有益的。因某种原因打破规则总是比无知而为更明智。

当然,就像礼节中的规则一样,从功能、实用和美学的立场来看,一些惯例和习惯比其他的更有意义。

笔者并不同意前面所提到的在丝网印刷海报上提倡的文字设计"原理"。但这里举出的几个原理肯定有意义。在接下来的页面里,你会发现一些有利于良好的文字设计礼仪的论点,以及一些违背的正当理由。

千万不要用垂直符号来代替"智能引号(弯引号)"!它们更适合作为上撇号(英寸/英尺、分/秒),即使真正的上撇号是倾斜的。(→第132页)

千万不要用反引号或"单引号"来代替一个缩写及所有格符号!(→第132页)

千万不要用一个连字符来取代一个连接号或破折号——连字符太短了!(→第133页)

千万不要使用**多种方式的强调**!尽管这样做在以前被视为很愚蠢,但现在已经变成了时尚。

防止字母的上伸部和下伸部接触!这是一个允许有例外的规则。这是听从了埃里克·斯毕克曼的建议。(→第123页)

永远要消除像"孤儿寡妇"般的文字设计!这些都是在一栏或一页中的第一行或最后一行的单个词。在最后一行的词比在第一行的产生的干扰较少。(→第119页)

千万不要试图通过挤压或拉伸字母间距来调整行对齐!可以选择调整词间距的解决方案。(→第119页)

千万不要把小型大写字母与等高数字结合,也不要把全大写的字母与正文不等高数字结合!弄清楚哪一种数字与语境的显示效果最佳。(→第134页)

千万不要创造出"假"的斜体、粗体、小型大写字母!(←第64页、→第128页)

千万不要对字体拉伸或压缩变形!(→第168页)

永远要使用真正的分数!了解在外语中你所使用的点和逗号的意义!(→第135页)

千万不要在运算或财务列表中使用比例宽度数字。不要把你的表格弄乱。要使用表格等宽数字。(→第134~135页)

Government "shocked" by new details.

The summer of '87

Works 1965–1998

I feel so

Party People!

ut there is no greater mistake　character.
han to suppose that a man who　Such a man commits murder;
s a calculating criminal, is, in　this is the natural culmination o
ny phase of his guilt, otherwise　his course; such a man will out-
an true to himself, and per-　face murder with hardihood and
ctly consistent with his whole　effrontery.

→ Such a man will commit murder, and
　murder is the natural culmination
　of his course; such a man has to outface
　murder, and he will do it with hardihood and ←
　effrontery. It is a sort of fashion to express

CRIMES COMMITTED IN 1998
CRIMES COMMITTED IN 1998

Having such CRIME upon his *conscience*, can so *brave* it out.

fashion VICTIM

Pour 1/2 pint of milk
Utilisez 0.5 litre de lait

```
  156
 4238
 7900
+ 211
```

段落设计

一份文本的外观和可读性在很大程度上取决于对段落层次的决策。设计师不得不在有关字号、对齐、行宽和行距等方面做出选择。规定行距和行宽的标准值并不是一件简单的事情。"理想"的值取决于字体(字号、字宽、x高、整体清晰度)、字距、栏宽等特性之间复杂的相互作用。在InDesign这样的软件中,自动行距的默认设置是字体尺寸的120%,这意味着对于一个10点的字来说,行距(更准确来说:基线位移)是12点。然而,大多数带有额外行距的字体看起来效果更好。x数值大的字体,"默认"行距肯定不那么理想。

行长

行不宜过长。读者的眼睛在寻找下一行的开头时会有困难,尤其是当行距很紧凑的时候。相反,很短的行在调整字距方面几乎没有灵活性。尤其在两端对齐的文本中,这可能会导致白色的"洞"出现在词与词之间,或者出现过多的断字。按照原始经验法则,每一行有45~70个字符是不错的平均行长,这样段落就不需要增加行距。像本书一样带有多栏的布局,就适用于较窄的栏宽——比如说,每行有35~55个字符。

Een letter heeft twee soorten tegenvorm: de ruimte binnen en de ruimte tussen de letters. Ervaren letterontwerpers proberen iedere mogelijke combinatie van twee letters te voorzien en te zorgen dat de verhouding tussen vorm en tegenvormen harmonieus is. Het doel is niet om een

Chaparral 9/9

Een letter heeft twee soorten tegenvorm: de ruimte binnen en de ruimte tussen de letters. Ervaren letterontwerpers proberen iedere mogelijke combinatie van twee letters te voorzien en te zorgen dat de verhouding tussen vorm en tegenvormen

Chaparral 9/10,8 (Auto)

Een letter heeft twee soorten tegenvorm: de ruimte binnen en de ruimte tussen de letters. Ervaren letterontwerpers proberen iedere mogelijke combinatie van twee letters te voorzien en te zorgen dat de ver-

Chaparral 9/14

Een letter heeft twee soorten tegenvorm: de ruimte binnen en de ruimte tussen de letters. Ervaren letterontwerpers proberen iedere mogelijke combinatie van twee letters

PMN Caecilia 7/11

Een letter heeft twee soorten tegenvorm: de ruimte binnen en de ruimte tussen de letters. Ervaren letterontwerpers proberen iedere mogelijke combinatie van twee letters

FF Seria 10/11

Een letter heeft twee soorten tegenvorm: de ruimte binnen en de ruimte tussen de letters. Ervaren letterontwerpers proberen elke mogelijke combinatie van twee letters te voorzien, en te zorgen dat de verhouding tussen vorm en tegenvormen harmonieus is. Dat is voor de gebruiker van die letters een goede reden om bewust en zorgvuldig met letterspatiëring om te gaan.

Helvetica Neue 8/11

Een letter heeft twee soorten tegenvorm: de ruimte binnen en de ruimte tussen de letters. Ervaren letterontwerpers proberen iedere mogelijke combinatie van twee letters te voorzien, en te zorgen dat de verhouding tussen vorm en tegenvormen harmonieus is. Dat een goede reden om bewust om

Helvetica Neue Bold 8.5/15

Een letter heeft twee soorten tegenvorm: de ruimte binnen en de ruimte tussen de letters. Ervaren letterontwerpers proberen iedere mogelijke combinatie van twee letters te voorzien, en te zorgen dat de verhouding tussen vorm en tegenvormen harmonieus is.

Bell Gothic 10.5/18

↑ 改动行距的固定值会改变文本的文字设计色调——行距越紧密,颜色就"越黑"。"9/12"的意思是:基线变为12点时的字体大小为9点,也就是3点的行距。

↖ 正如我们之前所看到的,Caecilia字体和Seria字体具有十分不同的x高。这意味着,仅为110%的相对行距对Seria字体来说效果不错,但对Caecilia字体而言则绝对不行。Caecilia字体不仅在文本设置上需要一个相对小的字号,这款字体还需要更大的行距。

← 3个长行的例子。在第一个段落中,每行大约有100个字符,在长篇文字中,这会导致阅读很费劲,因为眼睛在捕捉下一行的开头时存在困难。在第二个示例中,带有80多个字符的行宽在两方面得以补偿:选择一款更粗、更宽的字体和增加额外的行距。第三个示例使用的是Bell Gothic字体,一款相当狭窄的无衬线字体。这款字体表现效果还不错,因为它的字号大,且行距很宽松。

行长、行距、行密度

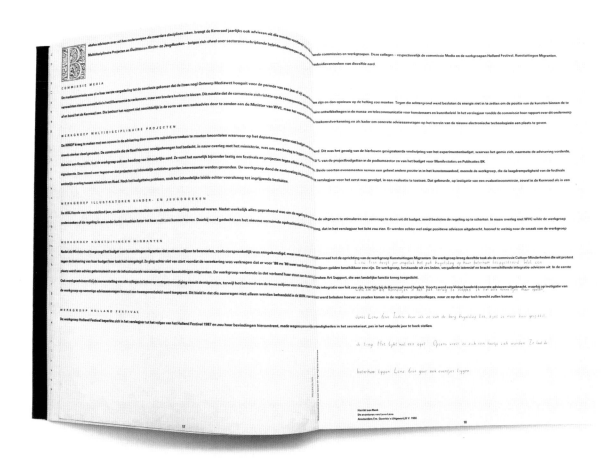

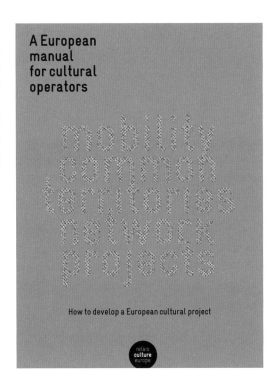

↗ 伊玛·布（Irma Boom）设计的极长的行长。这是可以接受的，因为文本很短，字体的色调很深，并且行距很宽松。此外，读者［《荷兰艺术委员会年度报告》（Annual Report of the Dutch Arts Council）的受众］是对试验感兴趣的精英中的一员。

→ 负行距（Nagative Linespacing，即行距小于字距）在金属活字和木活字的版式中是不可能产生的。数字生产使这一切成为可能。该作品由法国巴黎的皮埃尔·文森特（Pierre Vincent）和比利时根特市的史蒂芬·德·斯赫雷费（Stéphane De Schrevel）设计。

对齐

一段文本可被设置为两端对齐——像一个坚固的矩形——或被设置为左对齐。所有其他形式的对齐都是一种特殊情况而非常态,这并不是说,不可能有很好的理由来设置一段特定的文本为右对齐、居中对齐或是自由形。

两端对齐

(左右两端)对齐是活版印刷中的默认程序。由于文本区域必须牢牢地被限制在"印版"内调整,矩形这种设置是最稳定的单位,是一个合乎逻辑的选择。两端对齐的设置仍然是沉浸式阅读文本中的规范(如小说)。

为了实现一个左右两端对齐的段落或文本块,字距宽度在每一行都略有不同(在同一行中是均等的)。

当把两端对齐的段落与下面左对齐的一个段落比较时,就会清晰地显示:左对齐的段落,每一行末尾余下的空白有所不同,而在两端对齐的设置中,这种空白一定会分布在单词之间。尤其在篇幅短的字行中,这可能会导致恼人的参差不齐、空隙,以及当不同的空隙出现在连续不断的字行中,空白空间像河流一样贯穿整个文本。

居中对齐

文本居中对齐在本质上并没什么错。正如右对齐或两端强制对齐,对这个设计有效,但可能完全不适用于另一个设计。只有极少的几种情况适合采用居中对齐。为较长篇幅的文本设置居中对齐,对读者而言更为困难,因为每一行的起始位置都不同。

当有疑问时,就不要将文本设置为居中对齐。居中对齐为文本增添了一种"正式"的印象,这就是为什么居中对齐会经常用在正式婚礼请柬、证书和牌匾中。

↘ 在两端对齐的文本中,每一行剩余的间距被均匀地划分到单词之间。这个例子被故意夸大了:间距大于所需。下面为同一个段落,左对齐。字距保持一致,会产生一种更匀称的文本,但形成一个不规则的柱形,右边不齐。

Een letter heeft twee soorten tegenvormen: de ruimte binnen en de ruimte tussen de letters. Ervaren letterontwerpers trachten iedere mogelijke combinatie van twee letters te voorzien en te zorgen dat de verhouding tussen vorm en tegenvorm

Een letter heeft twee soorten tegenvormen: de ruimte binnen en de ruimte tussen de letters. Ervaren letterontwerpers trachten iedere mogelijke combinatie van twee letters te voorzien en te zorgen dat de verhouding tussen vorm en tegenvorm

 由鲍德韦因·莱斯瓦特手写设计的扉页。与罗马数字结合的居中布局,为这份页面增添了幽默讽刺的古典主义气氛,适合这本像备忘录一样的书。

两端对齐

左对齐

右对齐

居中对齐

不规则对齐

连字符与齐行

两端对齐文本很容易通过电脑生成，但它需要人工做出必要的修正。必须逐段检查字体，以找出不整齐的情况和其他需改进的地方。

连字符与对齐

InDesign 和 Quark XPress 等排版设计软件允许用户使用对齐和断字的控制面板来优化排版。字距越小，文本中可见空白的风险就越小。紧凑的设置是一个探索局限性的问题——小于一定的最低值，单词会黏在一起。

产生良好排版的另一个关键在于合理断字。断字规则可以在程序里设置，但一些手动的最终处理是永远推荐的。

- 尽量避免一个序列超过两个断字的情况。
- 没有哪一本断字词典是完整或是无错误的。当心一些怪异的建议，尤其是在外来词出现时。
- 选取那些最能理解含义的断字方式：排字工人或排字机（typesetter）这个单词作为断字分开时，"type-setter"要优于"typeset-ter"。
- 尽量避免用连字符连接名字。
- 检查一下手头为文本所选用的语言和字典是否正确。

字体家族的注意事项

"孤儿寡妇"是指单个词或是一组词与它们所处的段落分开或孤立存在。其中有些易混和矛盾之处。

- 一个段落里的最后一个（些）单词在下一页的起始，单行成段（通常被称为寡妇）。
- 在段落里最后一行的一个词，即单字成行。
- 页面最后一行是一个新段落的第一行。

在这些戏剧化的情况中，只有第一种情况会在客观上导致恼人的版式缺陷，其他两种情况通常是可以忍受的。"寡妇"和"孤儿"可以通过调整字距和断字及强制换行来消除。在极端的情况下，还可以向编辑或作者提议修改文本。

The punchcutter begins his work of practical design by drawing a geometrical framework on which he determines the proper position of every line and the height of each character. A small m of the face to prevent the touching of a descending letter against an ascending letter in the next line, as well as to prevent the wear of exposed lines cut

↑ 这一栏两端对齐文本的字距过于宽松，产生了分散视力的缝隙。在最后6行中，使用了加大的字距（字母间距）——导致了更分散注意力的文本形象。

The punchcutter begins his work of practical design by drawing a geometrical framework on which he determines the proper position of every line and the height of each character. A small margin tom of the face to prevent the touching of a descending letter against an ascending letter in the next line, as well as to prevent the wear of exposed lines cut flush to an edge

↑ 在这一栏里，设置的较小字距，产生了一种没有明显缝隙，以及更为紧凑的视觉，这样还能节省空间。字母间距被设置为0。

	最小值	期望值	最大值
单词间距：	85%	100%	133%
字母间距：	0%	0%	0%
数字轮廓比例：	100%	100%	100%

↑ 排版软件允许用户设置间距的限值，总是把字母间距设置为0。对大多数字体而言，设置比100%默认值的"期望的"字距小一点儿是个好主意，在不合理的文本设置中，应用程序只遵循"期望值"。允许字形缩放变形这个主意很可笑，请始终设置为100%。

L'ipotesi dell'omonimia non è però da scartare senz'altro; né deve impressionare troppo, perché il fenomeno non è certo infrequente nel Trecento: si conoscono, ad esempio, un Dante Alighieri padre di un Gabriello e un Dantino Alighieri di poco posteriore al poeta. Anche ammettendo un terzo Dante Alighieri, è assai improbabile che ciò generi confusioni rilevanti nella biografia del poeta, perché bisognerebbe

← 从第5行开始，这一片段展示了在连续5行的文本里，产生了一个所谓"川流"的空间，通过进行换行调整或微调上面几行的字距来"疏通"。

识别章节与段落

大多数有些长度的文本被分段。如果一个句子表达了一个连贯的思想,那么一段代表了一些思想的字符串,通常带有一种内在的论述节奏。段落可以是几句话,而在越来越多的网络语境中,只有一句话。

如果读者能注意到新段落的开端,那对读者是很有帮助的。我们可以用不同的方式来提醒读者,但用于沉浸式阅读的最常见方法是首行缩进。你现在正阅读的这个段落没有缩进,这并不存在问题,因为之前的一行比较短,但如果之前的一行很长,那下一个段落的开头可能不会被注意到。

那么,如果缩进是一种好办法的话,理想的缩进值是多少呢?可以通过限制来完成;常见的一种解决方法是使用一个大致相当于一个全身字符(em)的空间——所用字体的点数。

为了获得一种更明显的效果,使用一个相当于行距高度的缩进,可在段落的开端创建一个整齐的方形。在更长的行长中,可以使用更宽松或更夸张的缩进——把这种实用的方法变成一种时尚的设计元素。

为文本设置的字体将决定什么方法适合用于塑造段落。在接下来的两页里,我们探索了一些方法,不过还存在更多的可能性。

首行缩进

最常见的方法,适合用在范围很广的沉浸式阅读上,如书籍和期刊,以及行长较短的报纸和杂志中。

换行

换行或段落之间的线性空白空间在信件和电子邮件等通信中成为规范,并越来越多地出现在网页中,一般认为,网上一长段连续不断的文字会令读者厌烦。

连续缩进

将整个段落设置得比前一个或后一个段落更为缩进,注定会使其有特别的关注度。如果这一段文本是篇幅很长的一个引用,那字号通常会小一两个点。

段首凸出

标记一个新段落的更具戏剧化的方式是,把第一行延长至主体段落以外。

无须换行的记号

一种不寻常但却令人惊讶的老式分段法,是在段尾和下一段的开始之间插入一个记号。这种记号可以是任何的装饰符号,或是一种彩色短横,或者如这里所示传统的段落标记:段落符。

← 缩进实验。在为安东·库哈斯(Anton Koolhaas)的著作《空中一击》(*A Shot in the Air*)(1962年荷兰书籍周的赠品)所做的书籍设计中,设计师查尔斯·荣格扬斯(Charles Jongejans)规定缩进的长度等于上一行文字的长度,减去(大约)一个全身字符长。他也允许有例外情况,例如在这个页面里,在第一段最后一行完整的情况下,用"常规"缩进方式。

首字母

段首大写字母通常是在章节或章节开头时出现的放大的字符。段首大写字母的使用让人感觉设计较为松散、更具装饰性，外观稍显老式。段首大写字母可以设置为与主体文本相同的字体，但它把色彩和装饰带入一个平淡无奇的页面中。通过一个大号的、不同颜色的段首大写字母，即使枯燥的技术手册也能变得更有吸引力。

习惯上会将段首大写字母放在文本主体的基线上。如果段首大写字母"内置"在段落里（段首大字下沉），用手工调整大小，使其在视觉上与主文本的顶端对齐，可能是个好主意。创建一种从段首大写字母到主文本自然过渡的手法是，把一些词设置为小型大写字母，如同玛丽安·班耶斯在右边示例的那样。

确保放大的字符在第一个单词中不重复。

↑ 中世纪的手稿往往是地位的象征，其成本和价值在很大程度上取决于精巧美观的装饰。段首大写字母成为纵容奢华装饰的一个托词。这里所展示的古登堡《圣经》这样早期的印刷书籍，模仿了手抄书。由于书稿装饰还不能被复制，因此要靠印刷书的所有者委托艺术家来填充留给段首大写字母的空白。

↓ 玛丽安·班耶斯的书《我想知道》(I Wonder)里的细节。这篇文章讲述的是恒星。该书的设计受到星象主题珠宝的启发，这些珠宝用于标注洛杉矶格里菲斯天文台（Griffith Observatory）的一幅150英尺长的大事年表。这一份设计配合了本书的主题之一——我们需要通过装饰来提升内容。正如我们刚才看到的，华丽的段首大写字母是为文本增彩的有效且古老的方式之一。

下沉式段首大写字母通常与第一行的顶部对齐，并坐落在随后的数行上。通过手动调整词首大字的字号来调整其高度。

下沉式段首大写字母通常被嵌在一个矩形内，但并非总是如此。它可以从主体文本中突出。一些文字设计师会让文本环绕在A、O、V或W的形状中。

上升式段首大写字母位于首行的基线上。确保第一个单词的其余字母间距，以便保持可读性。

悬挂式段首大写字母允许更富戏剧性的方法：段首大写字母可能与栏高相等，其字体或手写字形可以具有装饰性或说明性。

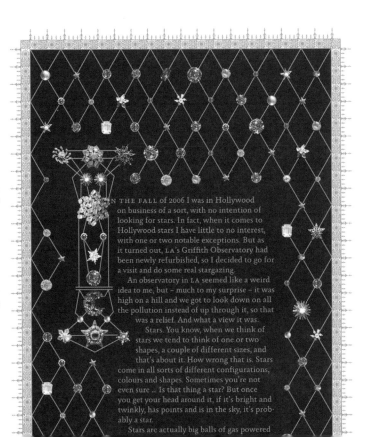

字母与单词、黑与白

无论谁设计一个放置于环境中的东西，都有助于设计这个环境本身。建筑、家具及附属物全都具有两种形式，即它们的形状，以及包围或帮助它们定义的空间：一条街、一个大厅、一个舒适的休息区、一辆车的内空间——负形。

在平面设计中，也会发生类似的事情。在书籍、海报或网页的版式中，元素之间的负空间对阅读和观看体验的重要性与（正形的）文字及图像本身是一样的。

在字词、句子和段落的层面上，正形和负形之间的张力起着决定性的作用。文字设计师经常会讲黑与白：文字的黑、页面的白。从字面来说，它们并不一定是黑色和白色，也可以是彩色的。当文本反白时（照在黑暗背景或图像上的光），字母的"白色"是最暗的颜色。

一些专家深信，不是文本自身的形，而是文本的负形最有助于我们识别字形。许多字体设计师表示，当绘制字母时，他们通常不看黑色的形。他们真正设计的是被这些形所包围的白空间。

在接受笔者采访时，美国字体设计师赛勒斯·海史密斯（Cyrus Highmith）讲述了他的母亲，一位画家，是如何教他观看负形的。"有一天，我沮丧地发现我画的树从来就不像树，而是像一堆线。我感觉不到树的形状或结构。她教我画树枝之间的形状，而不是树枝。当你这样做的时候，你会迅速地画出接近于树的东西。当我画字母时，我使用相同的方法。我画的是白色的形，不是黑色的笔画。"

每一个字母有两个负形：内部的负形，以及与前一个及后一个字母共享的负形。经验丰富的字体设计师会尝试任何可能来组合两个字母，以确保正形和负形之间永远保持和谐的关系。对于这些字体的用户，这是谨慎地、满怀尊重地对待字母间距的一个很好的理由。

字母和字体是关于深浅（黑白）之间平衡的设计。设计师喜欢参照no-tan（浓淡）法则——一个在日本流行的艺术理论。闻名于西方的阴阳图形说明了这一原理的黑色部分是由白色部分定义的（如图）。

单词的空白

字距与文字内空间之间的关系协调时，一份文本会看起来最好（即最和谐）。这意味着——对一些设计师来说这可能是一个惊喜——细体的字距大一点儿看起来更好，而粗体的字距设置得小一些，效果更好。一套经过精心设计的字体，已经考虑到了这一点。正常使用时，不需要更进一步对字偶间距进行调整。但也存在一种例外情况：如果一款常规体或细体以一种大号尺寸使用时，那距离可能会过大，一些负字距会加强文字的图形感。参见下一页。

→ 在海牙皇家艺术学院任教时，画家赫曼努斯·贝尔谢里克（Hermanus Berserik）和文字设计师赫里特·努德齐（Gerrit Noordzij）使用了一个好玩的方法来教学生观看字形的白色部分。字母的形状是由快速剪下的白纸组成的。

微调标题字

当设置展示字体时，可能会改动默认设置（有时候是必须的）以获得最佳的效果。全部大写的字——没有上伸部和下伸部——可以被排得非常紧密，行距可能小于字号点数。这种情况甚至可以用于小写，见下图所示。

There is a rule saying descenders and ascenders must never touch.

There is an exception to this rule: touching is allowed if it looks better.

MONDAY I'VE GOT FRIDAY ON MY MIND.

MONDAY I'VE GOT FRIDAY ON MY MIND.

← "有一条规则要求上伸线和下伸线永远不要碰在一起，但是这个规则有一个例外，即如果上伸线和下伸线连接后效果更好。"这句话来自艾瑞克·斯毕克曼（Erik Spiekermann）的智慧。这句话出自斯毕克曼1987年创作的"文字设计《韵律与因由》（Rhyme & reason）。字体是斯毕克曼根据1914年路易斯·奥本海姆（Louis Oppenheim）创作的Lo-Type原型而设计的改刻字体。

↓ 那些设计成字号适用范围较广的字体，其最佳字距的使用范围通常在 12～24 点。在较小的字号上，增加一些字距可能有助于可读性。当字体被设置为大号的展示尺寸时，一些负字偶间距有助于把词连在一起。这款字体是 Museo Slab 100。

↑ 由卢卡斯·德赫罗特创作的 Taz UltraBlack 特粗体和 Taz UltraLight 特细体。这两款字体都以标准设置呈现，没有调整字距。卢卡斯·德赫罗特加大特细体的字距，与负形匹配。这些全部大写字体配以很小的行距，虽然细体比粗体需要更多的行距来适应横向间距。40 点的 UltraBlack 特粗体，设置了 30.5 点的行距，而 40 点的 UltraLight 特细体在 37 点的行距时看起来效果更好。

Living in space
7点，+20 单元字间距

Living in space
11点，+6 单元字间距

Living in space
18点，标准字间距

Living in space
36点，-5 单元字间距

Living in space
48点，-10 单元字间距

Living in space
60点，-20 单元字间距

间距：字距与字偶间距

在一款字体中，字母之间的间距（space）有两种方式控制。设置默认的字距（tracking），每一个字母存在于自己的自由区域之内（字身框）。因此，在许多字母组合中，前一个字符与后一个字符间存在着均衡的间距。但并不总是这样！在数量惊人的字母组合中，字体设计师仍然需要改进两个字母之间的距离，这要通过调整字偶间距（kerning）来完成。大多数字体包含了数百种甚至数千种进行了字偶间距设置的字母配对——这些字母配对部分是自动生成的，有时要手动来达到最好的视觉效果。字偶间距表是任何富有经验的字体设计师所必需的字体参数（font metrics）。

→ 即使有些东西在原理上看起来跟文字距一样具有客观性，但在时尚和潮流上仍然是主观的。20世纪70年代末和80年代初的杂志广告，以其极为紧密的字偶间距而著称。"紧排，但是笔画不要相碰"是一句经常能从艺术指导部门听到的格言。即使字母之间实质上并没有笔画冲撞，然而在很多的情况下因为设置得太紧密，字母确实挨着了。

每个数字轮廓都有自己的字身框这样的自由区域。如果去掉字偶间距设置，将无视字体内置字偶间距参数和软件中字偶间距的视觉调整，导致默认字距由这些自由区域来决定。

字偶间距参数使用字体设计师在字偶间距表中所指定的一对对字母，通过手工完成或是字体设计软件自动创建。

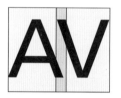 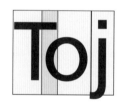

像 InDesign 这样的版式设计软件，具有自己的字偶间距的视觉调整功能，这在一款字体的字偶间距出错时才会使用。比起通过字体设计师来建立的字偶间距，它通常会把文本设置得更为紧凑。

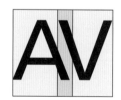 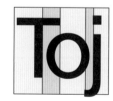

改进字偶间距

当使用一款精心设计的字体时，用于字距的经验法则是：不要改动标准设置——换句话来说，相信字体的默认标准。如果存在迹象表明一款字体并没有很好的字偶间距，那么有3种选择。如果一款字体全部的字距过于紧凑（这的确会发生），那么就为段落加点儿额外字距。为了修改小部分文本，像 InDesign 这样的排版软件带有一种相当智能的"视觉"字偶间距功能。选取文本，在控制面板中查找"视觉"（Optical）字偶间距功能。如果这样做还不能改善问题的话，那么使用你的眼睛。把鼠标插入两个字母之间，为任何效果差的两个字母之间的组合选择更好的字偶间距。

↓ 当一个单词由两种不同字体的字母组合设置而成时，字母的字偶间距不会起作用，用户必须手动修正，尤其是当字号也不一样的时候。

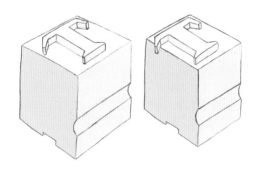

← 字偶间距已变成一个通用的术语，用来表示两个字母之间的间距调整。在冷金属活版印刷中，这个词具有一种更为特殊的意义：紧排字母铅字（kerned letter）是一种字面大于字身的特殊铅字，置于相邻铅字的字身上，以避免两个字母之间出现难看的空隙。

视觉对齐调整

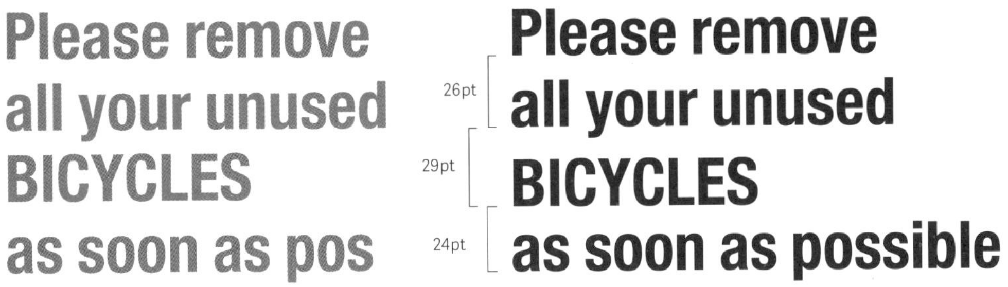

Please remove all your unused BICYCLES as soon as pos

Please remove 26pt
all your unused 29pt
BICYCLES
as soon as possible 24pt

有时候软件很智能，有时候则不然。进行文本造型时，盲目接受电脑的设置并不是个好主意。一双训练有素的眼睛是完美的辅助工具。这里有一些通过相信你所看到的来对默认值加以改进的方法。

垂直对齐

↑ 一个文本被设置为同一字号（这是24点的Helvetica Condensed 长体）的一款展示字体时，每一行具有相同的行距，看起来不一定有最佳效果。如果一行字母在视觉上看起来更高，例如，它包含了几个上伸部或被设置为全部大写，那么应该拉开一点儿行距，直至达到一种更好的效果。

'You should believe me' → You should believe me → 'You should believe me'

水平对齐

→ 当一个标题包括了顿号、逗号、破折号和引号等标点符号时，必须进行视觉修正。文本居中对齐时，排版软件在计算时会把标点符号包含在内，而眼睛主要考虑的是文本本身。为恢复平衡，先尝试设置"裸"文本，然后复制边框，并在文本顶部同一位置添加标点符号。当使用 InDesign 软件时，它的"视觉边缘对齐"（Optical margin alignment）功能 [隐藏在"故事面板"（Story palette）后] 也可能有所帮助。

Where could she be... → Where could she be → Where could she be...

边缘对齐

→ 许多字体，尤其是无衬线字体，在文字框的左边缘和第一个字母之间存在一个小空隙，尤其是当字母的左边为一个垂直的笔画时。在小篇幅或长篇的文本中，这个空隙不显眼，甚至有助于创造一个和谐的左边缘。但如果连续几行被设置为不同的字号时，可能会发生移位。这时需要一些手动的校正，使用独立边框或在字距中插入一个负值。

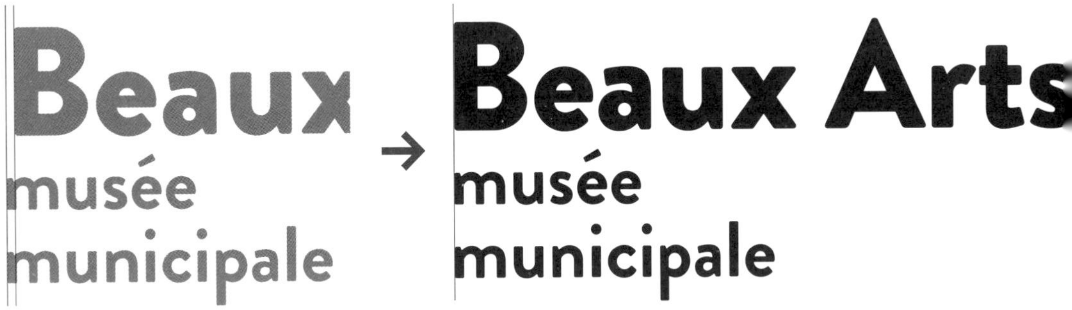

Beaux musée municipale → Beaux Arts musée municipale

OpenType 字体的功能和特征

正如我们所看到的（←第61页），过时的数字字体格式 PostScript Type 1 和 TrueType 逐渐被一种通用的字体格式 OpenType 所取代。当然，这个标准自2001年以来一直在使用，但大多数字库厂商需要很多时间将其旧字体转换为 OpenType 格式，现在仍然有很多字体没有转换格式。10年之后的今天，大多数经销商仍将出售很多旧格式的字体。将字体转换为 OpenType 格式意味着巨大的工作量，不仅是改变格式这样的简单技术任务——主要是新标准提供的所有可能性。

高深莫测

许多用户发现 OpenType 字体的含义难以捉摸。至少在某种程度上，这是制作并出售这些字体设计软件和文字处理软件的人的过错。微软公司的 Office 办公软件套装还忽略了大多数 OpenType 字体的特性，在 InDesign 这样的 Adobe 公司出品的软件，很多功能都深深隐藏在面板和子菜单里。请注意，就是这两家公司联合开发了 OpenType 标准。

下面是 OpenType 字体的一些关键特性。

- **独立平台**
  同一款字体能在 Windows、Mac 和 Linux 操作系统上运行。过去，每一个平台都有自己的字体——虽然自从 Mac OS X 操作系统出现后，TrueType 格式就可以在 Mac 和 Windows 操作系统中运行了。

- **专有字符空间**
  OpenType 字体可以包含曾在独立"专业字体"里的所有特殊字符：小型大写字母、连字、装饰性大写字母、备用字符、各种类型的数字、花饰字体等。

- **一款字体涵盖所有语言**
  OpenType 格式的字体可以容纳65 535种字形符号，包括使用变音符号（重音字符）的拉丁文，以及希腊语、斯拉夫语、阿拉伯语和汉语等其他文字。

- **Unicode 码**
  OpenType 字体以 Unicode 码为基础，每一种符号都有其固定的位置和名称（参见右页）。

使用 OpenType 字体

当一套字体作为 OT 格式销售时，这并不一定意味着它带有任何 OpenType 的特性。它可能只是一款转换过的 PostScript 字体，几乎没有增加特性。它也可能充满了特殊字符，并提供先进的 OpenType 功能，在这种情况下，它通过编程来完成文字设计任务和部分自动化的文字设计。OpenType 格式的出现也带来了各种新型错误。举例来说，如果你希望按下按钮激活小型大写字母，而你的字体不包括任何小型大写字母，那你的排版软件会自动生成丑陋的、"伪造的"小型大写字母。你需要训练你的眼睛来发现。

↑ 从 Sudtipos 字间距激发创作的 Brownstone Sans Thin 无衬线自由连字细体。

OpenType 字体 一些特征和功能

She's a cover girl
↓
She's a cover girl

自动替换数字轮廓

在字体设计师所选择的某些字符组合中，个别字符被替换为专门设计的组合。特赖因·拉斯克（Trine Rask）创作的 Covergirl 字体就是这种例子。

---

tasty　　Bzzz!!! Pffft..
↓　　　　↓
tasty　　Bzzz!!! Pffft...

Bello 字体　　　Kosmik 字体
字符的起笔与收笔　每个数字轮廓均可替换

语境数字轮廓替换

这里也一样，数字轮廓被自动替换掉，但如何以及在哪里替换取决于语境。这个功能可以呈现复杂得令人吃惊的文字设计结构。不同的应用，像 Kosmik 这样的字体通过一些字母的变体，避免完全一致的字符比邻共存。

---

ganymed　　
↓
ganymed　　Medusa

Pluto 字体　　　Lettering Slant 工作室
局部替换　　　　"民族风格"变体

风格设置

一些 OpenType 格式的字体包含多种风格的字符，这可能会大大改变字体的气氛，有时包括完全备选字符。这些风格化的变体可以通过检查 OpenType 面板中的一个或多个风格字符集（Stylistic Sets）来激活。

● 更多 OpenType 相关内容（→第131页）

Unicode 码：再一次……绘制世界版图

一款字体的字符被作为数字储存在计算机里，每一个字符都有自己的代码。直到最近才存在单独的编码标准，能为每个计算机平台和语言建构字符集。之前几十个并行使用的系统导致相互混乱，在不同平台交换文件会导致信息损坏或误读。为了解决这种巴别塔般的混乱，以及清查世界上的语言及其书写系统，人们创建了一个新的标准——Unicode 码。

Unicode 码标准由 Unicode 码联盟（Unicode Consortium）管理，这是一个非营利机构，负责评估并落实校正、扩展 Unicode 码的提案。这个标准的第一个版本（1991年）包含 7 085 个字符，第二个版本（1992年6月）包含 28 283 个字符，20 年之后，Unicode 码已经扩展到 109 242 个符号。Unicode 已被几乎所有的现代操作系统、程序和浏览器采纳。多亏了 Unicode 码，不管是硬件、程序，还是语言创造的数据，现在都可以在不同的系统之间传输而不受损坏。

从象形文字到表情符号

Unicode 码包含了几乎所有现存的语言文字，包括诸如中国的表意文字等巨大的系统，以及像加拿人原住民语言等相对模糊的文字系统。它也包含了一些消亡的文字，如埃及的象形文字和楔形文字。研究人员赞赏这些开发，当他们所探究的古代文字被编码时，他们能够进入"活生生的文本"，这允许他们通过搜索功能来对比古代的档案。

Unicode 码也容纳了与语言无关的，甚至有些微不足道的系统，如测绘和交通符号，国际象棋符号、跳棋符号、麻将和多米诺骨牌符号、炼金术和占星术符号，象形图标和表情符号。所有这些甚至更多的符号都能在 Unicode 码中找到，因此可以毫不费力地从一种字体换到另一种字体（所提供的这些字体包含有争议的符号），并通过电子邮件、短信发送或存为文本文件。

在哪里找到所有这些符号

键盘上没有的字符可以通过几种方式来输入。

- 一种理想的方法是使用像安装在智能手机和平板电脑上的虚拟键盘。从按键上出现的设置中选取代表文字系统的符号，计算机查找包含有这种文字的字体。
- Mac 操作系统配有一个字符面板（Character Palette），Windows 操作系统里有字符映射表（Character Map），许多图形应用程序里都带有字形符面板（Glyphs Palette），应用字体时，每一个符号都能被呈现和选取。
- 如果知道一个字符的 Unicode 码，可以按住 Alt 键，直接输入许多 Windows 程序中。在 Mac 上，同样可以在系统参数（语言和文本）中勾选"Unicode 码十六进制输入"（Unicode Hex Input）选项，然后在菜单栏中选择它。像 PopChar 这些实用程序可以显示字库中都有哪些 Unicode 字符，并且允许点击符号即可直接输入文本。
- 最后，这有个 decodeunicode.org 网站，它具有既丰富又全面的搜索功能。

decodeunicode.org 网站

美因茨大学（Mainz University）的设计师兼研究员约翰尼斯·贝格豪森（Johannes Bergerhausen）是 decodeunicode 网站的创始人。这是一个旨在帮助专业和非专业用户从文字设计的角度来理解 Unicode 码的项目，它的第一个出版物是一幅 2004 版海报，如图所示，包含超过 65 000 个字符。随后这个团队创作了一个复杂但设计精美的网站，目前（2011年年中）列出了 98 884 个字符。换句话说，这是完整的 Unicode 5.0 标准版，以及特定符号的背景信息。自 2011 年以来，由 Hermann Schmidt Mainz 发行了一本书，完整地展示了 Unicode 码集合（共计 109 242 个），加上丰富的语言、文字、数字文本和 Unicode 开发信息。本页面大部分信息源于这本书。

← 字符集 61
→ 备选字符 131
→ 数字 134
→ 小型大写字母 128

小型大写字母

直到19世纪，书籍设计师还没有专门设置副标题、导语或文本片段的粗体或无衬线字体可用。所有的字体都只有一个字重（我们现在已经称之为常规体或书籍体），这些字体曾经只有不同大小的罗马体和意大利体来表达文本，它们也有小型大写字母。

16世纪以来，除了罗马体和意大利体之外，小型大写字母也一直存在。它们往往相对较宽，并经常被赋予宽松的字距。这一点一直以来变化不大。好的小型大写字母具有小写字母一样的x高，或略高一点儿。它们具有比那些大写字母更坚固、更宽的比例，不然的话，它们会显得又窄又细。

小型大写字母与 OpenType 格式

在 OpenType 格式被创造之前，小型大写字母被安置在称为"SC"或"专用"（Expert）的特殊字体里。一款 OpenType 字体的大号字符映射表有足够的空间来放置小型大写字母，但并非总是包含这些字母。许多字库厂商的正文字体具有两个版本：标记为"Std"的标准版，不带有小型大写字母和其他额外的字符；另外，还有一个字符齐全的 Pro 专业版。

由于并非总能清楚地知道一款字体包含了什么，不包含什么，所以不要假设这款字体包含所有字符。当在字符面板的工具栏中选取"小型大写字母"时，查看一下你所获得的是否是真正的小型大写字母（又窄又细＝不好），或检查一下数字轮廓面板。用软件来压缩大写的方式，并不能被接受。

→ 第一行为"伪造的"小型大写字母，第二行为真正的小型大写字母。用软件压缩得来的小型大写字母又细又窄，真正的小型大写字母既坚固又宽。在采用图中所示的 FF Quadraat 字体情况时，有一些默认加大的字距。

You always wonder: ARE THEY REAL?
You always wonder: ARE THEY REAL?

使用小型大写字母

使用小型大写字母基本上有两种方式：为了不破坏小写字母的可视性，它们替代全大写单词，以及构成正文文本里的由首字母组成的缩略词；或者它们被当作一种创作手法，为文字设计师的版面灰度增加另一种色调，而无须添加一个不同的字体。小型大写字母可以与大写首字母结合，或者完全可以忽略首字母（重要的是，在整份文本中贯穿你的决定）。在 InDesign 软件中，"全部小型大写字母"（All Small Caps）这个选项允许所选的文本被设置为没有大写首字母的小型大写字母，无须先把文本转换为小写字母。

The opinions expressed in this publication are not necessarily those of UNESCO/IBE and do not commit the Organization.

超过两三个字母的缩略词，在小型大写字母中的干扰性较低。

FLANDERS, J.R. 1987. 'How much of the content in mathematics textbooks is new?' *Arithmetic teacher* (Reston, VA), vol. 35, P. 18–23.

在诸如参考文献这样的文本中使用小型大写字母，让信息多样化。

MACBETH [*aside*]
If chance will have me king, why, chance may crown me.

在戏剧中，角色的名字在习惯上被设置为小型大写字母。

A GIGOLO'S THOUGHTS ON PERFUME

无衬线小型大写字母通常带有额外的字距，对于烘托华丽的展示字体和手写体字体而言，是一种优雅的辅助字体。

SMALL CAPITALS HAVE BEEN AROUND since the sixteenth century as tertiary type besides roman and italic. They were relatively wide

在传统的书籍排版中，章节通常以几个小型大写字母开始。

UNFATHOMABLE Many users find the implications of OpenType hard to fathom. This is, at least in part, the fault of the people who made

在对比鲜明的字体中的小型大写字母，是设定副标题格式的一种可能的方式，字距要加大。

17 世纪的衔接与层次

这是 1659 年由在阿姆斯特丹的丹尼尔·爱思维尔（Daniel Elsevier）出版的一本司法手册。表示衔接的方式与我们今天的有些不同，但差别不是那么大。小型大写字母担任了主角。

← 导航 20
← OpenType 126
→ 数字 134

连字 &c.

连字非常风行，自以为是的新字体很少不配有一堆的连字。因此，让我们简要地研究一下这个问题：在什么情况下，使用连字比较适宜。

从技术上来说，连字（来自拉丁文 ligare，意思为"绑定"）是指两个或多个字母连接为一个字形。连字非常古老，是古登堡用来使他的书籍看起来更像手稿的工具之一。几个世纪以来，抄写员连写字母以及缩写单词，为的是加快工作速度、使用更少的空间，以及对齐文本栏。（→第160页）

一旦印刷获得了自身特有的审美，文本字体中的连字就具备了两种相关的功能：第一，让那些本来会产生交叠或留下空隙的字母变得和谐，比如紧随 f 之后的字母 i 或 l；第二，通过在常见的字母组合上增加一点儿装饰笔形，例如 st、ct 等，使文本更漂亮。

第一种用法是功能性的。当不存在交叠时，即当 f 没有过长的字头或字钩时，连字就变得多余。第二种用法是具装饰性的，应慎用。一段满是任意的 ct、ck、st 连字的正文，可能会看起来矫揉造作，让读者厌烦。在 OpenType 格式的字体中，区分了"标准"（Standard）和"随意"（Discretionary）的连字，尽管这些连字并非总与这两种功能完全对应。

当它被用于模仿一些装饰性字体，如书法体、笔刷体、手绘标题或石刻字母时，连字的目的改变了。基于这种目的的连字，像是单个字母的替代形式，成了一种在文本里创造多样性的工具，同时还加强了字母是逐个绘制而成的错觉（参见右页）。

ff → ff
fi → fi
fl → fl
ffi → ffi
ffl → ffl
Standard ligatures

sk → sk
ct → ct
ity → ity
Discretionary ligatures

fi fl ff
FF Profile

fi fl ff
Optima

fi fi
fl fl
Futura ND

fi fi
fl fl
Menlo

↖ 标准的连字是选取成对的小写字母，避免发生碰撞。随意的连字是可选择的，会赋予文本一种别致的样式。右边：当 f 没有悬伸时，无须使用连字。Futura 字体的连字看起来十分刻意，而在 Menlo 这样的等宽字体中，把两个字母放在一个方框里是没用的。

↑ 铅活字字体：Bodoni 的 fi 连字。

ß 或 Esszett 德语独有

柏林的插画师兼设计师纳丁·罗萨（Nadine Roßa，读音为"Rossa"）很喜欢字母 ß，这是她名字中的一部分。所以，她设计了这些 ß 耳环。

这个字母看起来有点儿像大写字母 B 或希腊语的第二个字母 β（beta），但这个字母的发音为"s"。这个字母仅在德语中使用，但瑞士德语区很早就废除了这个字母，以"ss"来代替。这个有时候被称为"Eszett"（S-Z）的字符，就是 ß 或"尖锐的 s"（sharp s）。

在德国文化中，ß 是个有点儿争议的字母。关于它的起源有几种说法，大多数人认为它是一种中世纪拉长的"s"和常规 s 之间的连字。不过，有一些学者坚持认为它起源于（长的）s 和 z 的组合。这也证明了它的别名是有道理的，以及在关于它的一些设计中，有着像 z 一样的形式。

更生动的讨论是，大写的 ß 是否可取，甚至是否合理。由于 ß 来源于两个小写字母，当它被设置为大写或小型大写字母时，就被还原为 SS：weiß 变成了 WEISS。名字里含有一个 ß 的人和城镇对此并不满意，部分原因是因为设置为大写时，他们的个性消失了。让 ß 获得认可的独立运动已经成功了，现在 ß 已经被添加到 Unicode 标准中，这让纯粹主义者感到失望。2008年4月，ß 有了正式的 Unicode 码：U+1E9E。

花式书写笔形（Swashes）、装饰笔形（Flourishes）、起笔和收笔

在OpenType格式中，字体设计师有无限的可能性来添加备选字符。像Underware公司的Liza字体，或House Industries公司的Studio Lettering系列，根据处于单词的不同位置，每一个字符都具有3个不同的版本：字符居首、居中和居尾——像标准的阿拉伯字母一样。例如Memoriam这样的手写体有几十种，主要是带有数以百计的可备选的花式书写笔形（指起笔和收笔）和装饰笔形的字体（指笔画中段的艺术处理）。

适度

虽然文字设计的表达形式有点儿夸张，但为了模范笔迹和手绘广告牌，起笔和收笔的备选书写笔形非常有意义；而在正文字体中或具有较少装饰性的展示字体中，它们却不是必要的。字体设计师们兴致勃勃地创造了品种丰富的字符造型，但是否适度使用这些字符则取决于平面设计师。除非你故意过度使用这些字符造型，否则我们将不得不面对媚俗这一事实。

同时，请避免在全部大写中使用带有花式书写笔形和装饰笔形的大写字母。

↘ Liza字体：根据语境，备选字符为每一个单词提供了起笔、收笔和其他备选的形式。

↑ Memoriam（Canada Type公司出品）为每一个字母提供多达了7种具有花式书写笔形和装饰笔形的备选字符。

← 霍斯·布伊文加创作的Geotica字体具有全部的花式连字、花式书写大写字母、起笔和收笔字符。它还带有一个Fill版本，这个版本允许为不同的颜色分层。

& 符号：and 的简化

很容易理解为什么很多字体设计师喜欢设计&符号。在所有的常规数字轮廓中，可能没有其他哪个符号能给予他们那么多自由，以及如此广泛的选择，同时还具有"真正的"历史渊源。

&这个符号发展自拉丁语的"et"[意思为and（和）]，它的一些前身如今仍能被识别出来。当这个符号在书写速度和文体习惯的影响下进一步发展时，字体设计师再现了它在历史上各种各样的变体，所以今天才有许多不同的形式呈现，设计师为它创作了不止一个的变体。Thesis字体家族就是一个典型的例子。

很多传统的文字设计师喜欢在正文中使用&符号来代替"and"。试试适度地模仿他们，很快你就会显得自命不凡。

"Coming Together"字体是一款完全由&号组成的字体。该字体是字体援助倡议（Font Aid IV，一份对2010年海地地震灾民募捐的倡议）的一部分，数以百计的设计师为这款字体做出了贡献。

拉丁文的标点符号

"引号"

像电源插座和电脑键盘一样,引号在你所到的任何之处都有所不同。做国际出版物时,如果你尊重每个地区的习惯,你将会得到高度赞赏。下面的这份列表远远不够完整。许多语言使用一个以上的系统,更重要的是,这些语言还有在引号之内使用引号的规则('quotes "within" quotes')。牛津系统是在单引号内使用双引号,美国则是用另一种方式。

智能引号(smart quotes)、低能引号(dumb quotes)、单引号(primes)

数码桌面出版中的常见错误是使用"直引号"或"低能引号"代替印刷用的弯引号(又名"智能引号")。这些直引号用于其他几种目的(见下图)。把它们作为引号来使用,是机械打字机时代的副产品——打字员必须应付打字机上的非常有限的字符集。这些符号虽然通常被称为上撇号,但严格来说,传统的上撇号不是笔直的,而是倾斜的。

排版程序有一个自动插入印刷用引号的功能,当键入"打字机引号"时,会为指定的语言进行校正。这是一个很方便的功能,但启动这个功能时,要在一个空格后加一个缩写及所有格号(apostrophe),这会导致出现开引号(opening quote),例如1967年的夏天(*summer of '67*)。

"Typewriter"	打字机用
'British English (Oxford style)'	英式英语(牛津式)
"American English"	美式英语
« French »	法语
«Spanish + Portuguese»	西班牙 + 葡萄牙
"Brasilian Portuguese"	巴西葡萄牙语
„German + Slavic languages"	德语 + 斯拉夫语
»German – elegant«	优雅的德语
«German – Swiss»	瑞士德语
«Russian, Ukrainian»	俄语和乌克兰语
„Polish"	波兰语
„Dutch – traditional"	传统荷兰语
'Dutch – Oxford style'	牛津式荷兰语
„Danish" »Danish«	丹麦语
"Swedish + Finnish"	瑞典语和芬兰语
«Norwegian»	挪威语

● 角分符号
3' 英尺(ft)
弧分(am),1 / 60 的弧度
分钟(min)

● 角秒符号
45" 英寸(in)
角分(as),1 / 60 的弧分
秒钟(s)

● 缩写及所有格号
'98
| 在时间中省略 | 1967 年(*'67*)、90 年代(*'90s*)、20 年代(*'twenties*) |
| 在单词中省略 | 时期(*'hood*)、摇滚乐(*rock'n'roll*)、它是(*it's*) |

BOOM! Palm Springs Plans a Wacky, $250m Old Folks' Community for Gays

低能引号

BOOM! Palm Springs Plans a Wacky, $250m Old Folks' Community for Gays

```
v Roman, Times, serif;">
;margin:12px 0px 15px 8
 Old Folks&rsquo; Commu
```

智能引号
(确实是缩写及所有格号)

在网络上的正确使用

与流行观点相反的是,网络既支持"弯引号"(网页设计师这样称呼它们),又支持真正的缩写及所有格号。不需要用角分符号或角秒符号。使用对的 HTML 代码,以确保在文字设计中正确使用这些符号。命名是基于英国、美国引号系统的简单描述,例如:" “ = "是左双引号,以及 " ’ = "是右单引号(相当于缩写及所有格号)。

连字符、破折号、空格符 –¡ 及更多的符号！

连字符与破折号

连字符、破折号（全身）和连接号（半身）都是用于版面设计的短线，每一个符号都有不同的功能，在不同的国家使用时带有一些轻微的变化。

连字符（线最短的一种符号）经常被误用来代替破折号，可能是因为破折号通常不能直接从键盘上输入。在电子邮件里，连续使用两个连字符来制作一个长破折号或连接号是可以的，但在正式的文件里，应该使用标准的连字符。

几种空格符

像 InDesign 和 Quark XPress 这样复杂的排版软件，提供了各种固定宽度的空格，允许设计师对文本进行微调。例如，如果一个全身空格（full space）使文本出现空隙，或者在一个问号或感叹号前面出现一个 1/24 空格（Hair Space）似乎会"黏住"文本，那设计师可以选择在连接号（半身）的两边使用一个 1/8 空格（Thin Space）或 1/6 空格（Sixth Space）。

法语中，在正文里能注意到空格符。如列表所示的各国引号用法，法语像这些标点符号周围的空气一样。这就是为什么在冒号和分号前也有空格：

C'est français ; c'est différent !

¿什么（Qué）？

在西班牙语中，疑问句和感叹句（或从句）的前面是一个倒问号或倒叹号。这样做有一个充分的理由：西班牙语的单词顺序在疑问句和感叹句中通常会保持不变，因此读者——尤其是那些在公共场合大声朗读文本的人——可以用它作为一种补充提示。在私下交流场合，例如在电子邮件和短信中，倒问号通常会被省掉，但在正式场合里，这些放在句首的标点符号不能省掉。

She's not so very different from her brother

A clear-cut break

Catherine Zeta-Jones

● **连字符**
用于将单词拆分到下一行，或者连接两个不同的单词构成一个概念。也用于两个名字中，在"typesetter"这种情况下，为了使这个名称的第二部分保持在同一行上，可以使用不断行空格（non-breaking space）。

Monday–Friday

1983–1994

I took a – rather brief – break

● **连接号（半身）**
大致为字母 N 的宽度。用来表示持续的时间或过渡，通常在日期和数字之间使用。在英式英语和大多数欧洲语言中，连接号会打断句子，插入相关的想法或说明某种情况，每边各有一个空格。

They decided to take a—rather long—break

● **破折号（全身）**
大致与字母 M 的宽度一致。主要出现在美式英语中，与欧洲语言中连接号（半身）的功能一样，用来表示题外话的记号。在大部分官方手册中，句子的两边没有空格。

¿Qué estás comiendo?
¡Un pincho de atún!

西班牙语的倒问号和倒叹号，由西班牙设计师劳拉·梅塞格尔（Laura Meseguer）设计的 Rumba 字体。

各种数字（Numerals, figures, digits, numbers）

今天的许多新字体都带有数字字符集（numerals）。装备精良的 OpenType 字体可能提供多达 10 种或更多不同种类的数字。当启动 OpenType 时，用户通过 OpenType 功能，可以激活最符合上下文的数字风格。

正文等高数字 Proportional lining	0123456789　　xX
正文不等高数字 Proportional oldstyle	0123456789　　xX
小型大写数字 Small caps	0123456789　　SC
表格等宽等高数字 Tabular lining	0123456789　　xX
表格等宽不等高数字 Tabular oldstyle	0123456789　　xX
分数数字 Fractions	01234/56789
上标数字和下标数字 Subscript & superscript	123456789 xX 123456789

大写字母避免与正文不等高数字放在一起。用正文等高数字代替正文不等高数字。

UPPERCASE 0123456789

正文为小写，可以的话，使用正文不等高数字。

Lowercase 0123456789

这些都是完美组合。与小型大写字母放在一起时，正文不等高数字和小型大写字母数字都不错。很少有字体家族会提供小型大写字母的数字，不过这样的数字正在增加。

UPPERCASE 0123456789

Lowercase 0123456789

SMALL CAPS 0123456789

SMALL CAPS 0123456789

正文不等高数字 vs 正文等高数字

正文等高数字（LF）稳固地落在基线上，并且有相同的高度。这种严谨的秩序为一个页面带来了规律，该页面充满数字，并很好地结合了全部大写的字或语句。然而，在一个小写的文本里，一组正文等高数字（如日期）会显得突兀，就像一组大写的单词会显得突兀一样。

在行文中，有一种效果是不可取的。这就是正文不等高数字所呈现的效果。它们围着基线跳舞，数字 5 在基线以下，数字 6 在基线以上，数字 7 又在基线以下，数字 8 又在基线以上。它们的形式是有历史的，所以它们的英文被称为 mediaeval 或者 old style figures（简称 OSF）。将哪一种数字风格设置为默认字符，取决于字体的属性。

表格等宽数字

我们按照水平方向依次阅读文字，但带有数字的话，就会存在另一种可能性。比如在列表和单据中，数字是按照垂直方向排列的。因此，如果几个、几十个或几百个数字是垂直对齐的，所有数字占有相等的宽度，那比较对照或把数字相加会更容易。这些就是表格等宽数字（TF）。所有表格等宽数字与比例宽度数字截然相反，在比例宽度数字中，1 窄于 8。最新的字体通常提供正文不等高数字和正文等高数字，每一种都有包含表格等宽数字和比例宽度数字。

上标数字与下标数字

上标数字与下标数字是有专门用途的数字。它们一般用作引用脚注、像 km^2 这样的平方或立方单位，或是 H_2O 这样的化学分子式。这些字符不是简单地按比例缩小常规的数字，而是专门设计的。它们有适当的线宽，一般字宽也设计得大一些。不过，它们用于数学上的分数并不理想，为此要用分数数字。分数数字不是那么极端的上标数字与下标数字，因此整个分数会直观地显示在基线上。

数字的格式

长串数字符很难理解。与字母不同的是，数字的任何组合都可以表示意义。如果上下文不起作用的话，将数字分组会有好处。超过3位的数字，可以使用不断行空格来划分——从右边3位开始成组。对于钱款数额，常规做法是使用逗号，在十进制位置使用一个小数点来隔开。注意：在许多的其他语言里，包括西班牙语、法语和德语，做法相反，逗号在十进位数之前，小数点放在千位数之间。

有时候根据上下文，还无法清楚判断我们处理的是字母还是数字，例如，在程序代码、序列号或英国邮政编码中。对这样的一组代码进行排版时，重要的是选择一种不能混淆的字体。通常可能混淆的数字是无衬线的1（不要与小写字母 l 搞混）、正文不等高数字1（看起来像小型大写字母 I），以及数字0（看起来像大写 O 或小写 o）。一些字体包含了带一条斜线的数字0，以防混淆。

34,281.50

34.281,50

千位数和小数
← 美国的和英国的符号

← 欧洲大陆的符号

数字和风格
在电话号码里，区号和电话号码以多种形式断开，空格、小数点、斜线和连字符都很常见，喜好取决于所在的国家。当为一个国际观众设计时，要注意当地的习惯。特定数字的选择和划分数字的方式也是一种风格界定。由弗洛里安·哈德威格（Florian Hardwig）设计的两个不同风格的名片被扬·奇肖尔德在自己的职业生涯中长期使用并推荐着。

罗马数字

1000+500+100+100+(100-10)+1+1=1792

我们使用的数字也叫阿拉伯数字，因为它们是在中世纪时通过阿拉伯半岛传到欧洲的，但事实上，它们来自印度。出于某些用途，我们也使用第二种系统罗马数字。该系统的数字是通过字母来书写的（I=1、V=5、X=10、L=50、C=100、D=500、M=1 000），并适用于级别、教皇、世界战争和奥林匹克运动会等任何官方数字。此外，我们也在手表、电影作品和建筑的年代上使用罗马数字。在书籍设计中，罗马数字也用于纲要、序言的页码，以及多版本的标记。

等宽的表格数字

那些在设计上着眼于金融通信的字体，可能带有一系列表格等宽数字。数字的所有字重，从细体到粗体，都具有同等的宽度。这样的话，强调个别行上的数字（使用双倍的字重）并不会破坏分栏。OurType 公司、FontFont 公司和 Hoefler & Co. 公司的部分字体里包含了这种特性。此处所示：Hoefler & Co. 公司的 Archer 字体。

NET RESULTS 2013	
Profit before taxation	34,283
Taxation	12,617
Profit for the year	**21,666**
Attributable to	
Shareholders	21,157
Minority interest	509
Total	**21,666**

根据情况调整

在很多情况下,文本都难以阅读。糟糕的印刷、缺乏间距、杂乱的语境、低分辨率的屏幕、远距离……每一种不理想的条件都对字体设计师和平面设计师提出了有趣的挑战。

正形与负形

当黑色的字被置于浅色底时(正形),或相反(负形),感知是有差异的。负形的字——白色的字放在深色底上——似乎会发光,因此看起来会比白底上的黑字粗。

这不仅适用于纸张上用油墨印的字,也适用于导视系统里的字。字体在灯箱中被使用时,会变得更加明显。当文字背光时,光束会使字体边缘模糊,负形字看起来会更粗,而正形字明显偏细。通过设计带有大量经过严密字重计算的字体,字体设计师能弥补这些严重的不足。它允许专业的信息设计师微调文本的版面灰度,以适于每一次使用和每一种组合。

速度、距离、薄雾

在高速公路导视系统中,符号的易读性对道路使用者的安全至关重要。它们的清晰度可能会受阻于不同的因素:速度、距离、注意力不集中,尤其是天气的影响。在寻求最佳的(可能是救命的)道路标牌过程中,理想的字体起着举足轻重的作用。

德国设计师拉尔夫·赫尔曼(Ralf Herrmann)周游欧洲3年,记录了道路标牌系统,他发现没有一个系统是完美的。他决定设计"终极导视字体"。他首先给Mac电脑写了一个模拟高速公路道路标牌的"易读性测试工具"。用赫尔曼的话来说,"为了增加观看的距离,我需要在这种模糊状态中进行字体的阅读体验,在这种状态下的字体只不过具有可读性,而我必须在能见度降低的情况下测试它,例如通过汽车前灯制造发光效果"。他的字体弥补了即使是最常见的道路标牌字体也会有的缺憾。赫尔曼强调每个字母的个性,而不是统一的形状。他没有使用几何机械型字体所用的架构,而是绘制了几乎是人文型字体的开放形式。

↑ 在设计出TheSans及Thesis字体家族的其他字体之前,卢卡斯·德赫罗特在BRS Premsela Vonk工作,这是一个位于阿姆斯特丹的专门从事信息设计的公司,也包括设计政府的表格和导视系统。在许多这样的项目中,平衡字体的正负形是平面设计师工作的一部分。想起总是找不到完美的字体而感到沮丧,德赫罗特设计了8种字重的Thesis字体,允许用户一起体会具有微妙粗细差别的笔画。

→ 荷兰道路标牌字体(橙色)缺少水平的横画,导致C和G难以区分。拉尔夫·赫尔曼的Wayfinding Sans字体(蓝色),使两个字母的区别更为明显。

→ 埃尔福特市(Erfurt):第一行显示了德国的道路标牌字体DIN 1451,以及在采光不好和被雨淋湿的情况下的模糊效果。第二行使用了Wayfinding Sans字体,有着更显著的形状,这些字母有更好的辨识度。

→ 上:西班牙和意大利的道路标牌字体。
中:Transport Bold字体(英国)。
下:Wayfinding Sans字体。

小字号和窄字体

挖角（inktrap）：趣味追随功能

印刷技术已经取得了长足的进步，即使高速滚筒印刷机也能提供优良的品质。但几十年前的情况并非如此，那会儿字体设计师还属于技术人员，他们的工作是尽量减少廉价库存里的小字号字体在平庸的印刷技术中的损失。其中最受影响的领域是报纸和电话簿。

过去有一种避免锐角里的墨水胡乱扩散的字体设计技巧——挖角。这是一种额外的被裁切成字母形状的缺口，多余的墨水能从缺口流走。例如，马修·卡特设计的 Bell Centennial 字体中有夸张的挖角，专门用于电话簿上的超小字号。

尽管现在的印刷效果像剃刀一般锋利，几乎没有散乱的墨水，但挖角作为一种视觉校正技巧仍然有意义——在处理小字号字体时，眼睛似乎需要额外的切口来感知原本的字形。

更重要的是，挖角现在已经变成了一种设计风格：平面设计师开始在标题上使用 Bell Centennial 字体，因为他们喜欢它的挖角所呈现出的古怪效果；其他字体设计师跟着学样，使用这些深深的切口作为风格特征。

↑ Bell Centennial 字体，由马修·卡特于 1975～1978 年设计，作为一种节省空间的字体，用于 AT&T 公司的电话簿。挖角被用来提高小字号文字的易读性。

← 克里斯蒂安·施瓦茨设计的 Amplitude 字体，该字体使用夸张的挖角作为创作手法。

长体以及如何节省空间

这里有个测试：拿一页小字号文本放到面前，小到你刚刚能清楚地阅读。把这页纸沿着水平轴旋转 45 度（顶部向后），文字看上去没那么高了，但仍然可读。现在把这页纸沿着垂直轴旋转 45 度，文字看起来更窄……你几乎无法阅读了。

这个源自埃米尔·雅瓦尔（Emile Javal）的实验教给我们的是，长体并非节省空间的杰出方案。即使一些经过精心设计的字体的长体，也需要更大的字号来获得与常规体一样的易读性。用数字压缩方式来获得长体效果更糟，导致字体失真。最好的选择是选择一个更小的字号。你甚至可以选取一款经过精心设计的扁体，并在非常小的字号下使用。

一些设计师会用数字版长体设计时髦的标题，但这需要天赋和判断力才能实现。

↑ 设置为 7.5 点 Amplitude 字体的文本，该字体就是一种相当窄的字体。

← 4 种节省空间的大胆尝试。Amplitude Compressed 字体和数字压缩的常规字体，两者在字号不变的情况下，易读性欠佳。一个较小的字号在正常字宽中有更好的可读性。Amplitude Wide 字体即使被设置为更小的字号，也能胜出，因为它最大限度地节省了空间，并具有良好的易读性。一个红色方块 =1 平方毫米。

← 我们如何阅读？　10
← 信息设计　30
← 视觉尺寸　96

在德国的奥芬巴赫设计学院（Offenbach Hochschule für Gestaltung），柏林影像艺术家罗特劳特·帕佩（Rotraut Pape）策划了一系列有关"媒体考古学"的讲座和表演。该项目的基本主题之一是用过时的媒体存储丢失的数据。海报的概念由奥芬巴赫设计学院的克劳斯·黑塞（Klaus Hesse）教授指定，是对媒体理论和历史的巧妙转译。海报的次序描绘了信息的退化与消散，就像告示逐渐被新的信息覆盖并无法看到。

设计策略和概念

mike hentz. digitale steinzeit.
18 12 01. 19.30 _vortrag. eine lost media performance. hochschule für gestaltung offenbach am main, schlossstraße 31, raum 101

uta brandes. vom *wer-bin-ich* zum *wo-bin-ich*. 22 01 02. 19.30 _vortrag. hochschule für gestaltung offenbach am main, schlossstraße 31, raum 101

stelarc. zombies und cyborgs.
19 02 02. 19.30 _vortrag. überflüssige, unfreiwillige und automatisierte körper. hochschule für gestaltung offenbach am main, schlossstraße 31, aula

文字设计与好创意

只要文字设计不仅仅是让文本"视而不见",设计师的工作就有了指导性。设计师如何进行文本造型,会影响读者阅读体验及解读内容的方式。在某种程度上,设计师成为合著者。有时候设计可能会充实和加强文本,有时候通过提供评论或把内容放置在新的语境中,设计可以拥有自己的立场。

在过去的15年里,"设计师作为作者"一直是讨论平面设计作用时的一个关键概念。新概念下的平面设计师作为一个创作者,应积极并深度参与文本造型。这是对平面设计师提供消极和中庸服务这一传统观念的回应。

图形作者存在许多级别。越来越多的平面设计师表现为记者、作家、出版商、策展人、电影制片人或摄影师。一些平面设计师从事艺术与设计领域的跨界工作,主要创作自己发起的项目,或是专门与允许他们有自主性的客户共事。这里不打算详细阐述这种趋势。我们的目的是,有趣地反映文字设计师所拥有的机遇,特别是在日常工作这样的语境下,简单地回顾他们关于结构、形式和生产的决策——换句话说,文字设计师必须通过强大的文字设计概念,在结果上做出实质性的表达。

许多年前,Emigre公司发行了一款鼠标垫,上面印着一句话,其饶有兴味之处在于句子的简洁性及含糊性:"设计是一个好想法。"设计始于一个好想法,好想法并不一定意味着是一个复杂的智力概念。这句话的第二个含义是,把设计放在首位是个好主意。例如,一个更好的想法,胜过不去设计或依赖软件默认操作模式实现设计。

一个概念可能由内容(在你设计文本之前,阅读这份文本也是一个好主意)或语境产生。一个概念可以是复杂的、层次多样的,或者如孩童般简洁。文字设计师使阅读和观看变得更加有趣的手段是永无止境的。

坦博艺术节海报

定居在莫桑比克期间,葡萄牙设计师芭芭拉·阿尔维斯(Barbara Alves)受邀为坦博一坦布拉尼一坦博文化协会(Cultural Association Tambo-Tambulani-Tambo)的年度艺术节设计一份海报。坦博艺术节想要能反映节日主题的海报,该节日聚焦于莫桑比克的艺术与传统,同时也传达出青春的活力——"观看世界的新方式,以及通过权力而改变"。

阿尔维斯建议用丝网印刷的方式将白色文字印在当地的一种叫capulanas的面料上。这是一种莫桑比克妇女用来做服装、帽子、背包、毛巾及携带婴儿等很多用途的布料。她邀请当地居民帮她选择图案。用capulanas面料作为一种传统风格的背景,绘制文字和图形则提供了与当代的联系。海报的制作考虑到使用的可持续性,他们可以保存下来,在明年重新使用。

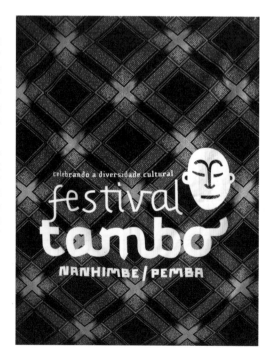

一个运用透明度的案例

蒙德里安基金会年度报告

蒙德里安基金会（Mondriaan Foundation）是主要由荷兰政府资助的艺术基金会。其年度报告是该机构公开决策和财务的主要工具，换言之，表明该基金会对公共资金的支出是以公开性和透明度为基础的。对于2007年版，设计师英格堡·舍费尔斯（Ingeborg Scheffers）正是源于这两个主题，精准地取得了设计的线索。她为公开性这一想法带来了一种具有讽刺的手法，即将每一章节呈现为一本封闭的书，阅读前需要裁开。透明度在版面布局中发挥了重要作用，在页面的背面使用色彩条突出表格里的行。她所选的字体同样很直接。西比尔·海格门（Sibylle Hagmann）的Odile字体，不同于一些人所期待的那种在年度报告里用的很商业化的字体，所以字体的选择方面与基金会的政策本身一样，需要有勇敢的抉择。照片由伊娃·恰亚（Eva Czaya）提供。

风格与立场

1917年,一群艺术家和设计师在荷兰创办了一本杂志,为一切可视的事物提出一种激进的新方法,他们将杂志命名为《风格》(De Stijl)。当时,风格可以是一个艺术项目的核心,可以是蒙德里安绘画里红色、黄色和蓝色的矩形,以及黑色的线条。他是风格派主要的艺术家之一——风格并不是简单的形状,它们代表了一种新的思维方式。

随后出现了数不尽的"主义"、风格之争和各种时尚生活杂志,风格这一概念变得几乎毫无意义。更糟的是,在追求真实性的艺术家和设计师中,有人还对此产生了怀疑。很多人都把"风格"这个词和肤浅联系在一起。当关注本质、深度和完整性时,风格似乎已经变成了一种需要回避的事物。

那么,有可能做出缺乏风格的作品吗?几乎不可能。传播理论家保罗·瓦茨拉维克(Paul Watzlawick)的理论得到普及,他的一条著名原理为,"一个人不能不交流"。同样的,你无法不做设计。在20世纪30年代和60年代,功能主义设计师热情地寻找令设计显得中性的方法,使设计尽可能地客观,不表达情感。现在,当我们看到这些作品的时候,我们把他们看成20世纪30年代或60年代的典型表达:一个风格的范例。

风格意识

如果你在文本造型这个领域相对来说是个新手,那么探索不同的风格是一项很好的锻炼,目的是为了发现技巧。针对不同的观者,如何以不同的语调来传达信息?最重要的是,要意识到广泛的可能性,设计师可以传达别人的信息或创造自己的信息。一个好的爵士音乐家精通不同的风格和类型,为的是能掌控不同音乐组合或即兴演奏。平面设计师也需要即兴创作,以及找到在各种情况下与各种内容交流的方式。探索、选择过广泛的风格后,设计师会有一个更大、更完善的"视觉工具箱",这样就可以避免或坚持一种风格,或是任何风格。这变成了一个有意识的选择,而不是来自某种偏见,或是某位老师的偏见。

这是巴黎设计师皮埃尔·文森特为一个表演艺术节的系列海报所做的提案,由马克西姆·勒莫因(Maxime Lemoyne)拍摄。这些看起来具有技术感的字母是文森特为此专门设计的,很好地联系了节目的标题——反规则(Anti-codes)。不过,这个提案落选了。

私人签名

墨西哥设计师丽贝卡·杜兰（Rebeca Durán）在毕业后很快就找到了一份工作，担任少女杂志《旋转》（Twist）的艺术总监。她的年龄只比她的读者稍微大一点儿，她提出了一个厚脸皮的、但有风格意识的方法：借用垃圾摇滚、朋克和廉价杂志中的元素。文字选择（主要字体是 Underware 公司的 Bello 字体和 Auto 字体）具备了一种折中的、挑衅的混合风格，正好适合目标群体。

以色列设计师莫希克·纳达夫（Moshik Nadav）为《耶路撒冷文化周刊》（Jerusalem cultural weekly，第 24/7 期）设计的方案。尽管内容匮乏，而且大量留白暴露了这是由学生设计的事实，但作品在风格和修辞手法的选择上却有着非凡的自信。该设计强烈借鉴了 20 世纪 20 年代的构成主义——竖排的字体、红色和黑色的运用、粗线条和照片裁剪，然而，总体效果并不是运用或模仿某一种风格，而完全是一种当代的具有功能性的设计。

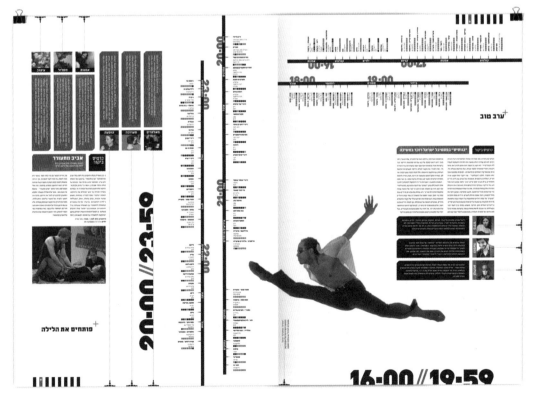

参考、模仿、恶搞

每一种艺术都有不同的方法处理过去的风格和创造。许多当代的作品吸收了过去的方方面面，如原创性、完整性、技巧和智慧等，作品之间会出现很大的差别。

设想一下流行乐或摇滚乐。当一支年轻乐队演奏一首仿佛是1957年的摇滚歌曲时，这是一种模仿。如果是作为对过去摇滚巨星的一种敬意，那它可以被认为是一种致敬。如果他们演奏了一首属于他们自己的歌，具有过去时代与现代元素融合的风格特征，那该乐队只是受到过去的启发，虽然得承认启发是个过分滥用的词。如果原创歌曲的元素被夸张的目的在于嘲笑，那你可以说这是一种恶搞，或是一种讥讽。

想象一下，我们这支乐队出品了若干他们原创的曲目，而事实上这些曲子是带有他人痕迹的旋律和乐段，这算抄袭的案例。除非能完全明确和清晰地表明，这种情况是对原创的幽默和尊重，那么你可以得出结论，那是一种引用或参考。如实地引用是从一张唱片上提取一段，作为声音剪辑，混合到一首新歌曲，无论它是否处在一种重复的循环中，我们称之为节录。

这些在风格上所呈现的依存程度，同样适用于与视觉相关的学科，如平面设计。我们使用大致相同的术语。人们需要一些经验，以便从巧妙的提示中辨别剽窃，但在欣赏有关视觉的俏皮话、参照物和双关语面前，会带来巨大的乐趣。你可以把它与昆汀·塔伦蒂诺的电影进行比较，他的幽默可能会浪费在一个没有理解导演大量引用电影历史中经典（或晦涩）时刻的人身上。

模仿

模仿在"衍生品"这一家族中是一种特别有趣的、模棱两可的类别。模仿是一种没有讽刺动机的恶搞。现有的作品模仿了风格特征，填充了新的内容，不带有对原创作品的嘲笑——更像是一种致敬。当过去的一种方法被幽默和智慧转化为我们所处时代的手法时，模仿是最好的。当对原创作品的正规引用准确无误时，同时也会有新的事情发生。有一定的技巧肯定不是坏事。

这是尼克·舍曼（Nick Sherman）为尼克·希恩（Nick Shinn）的一场讲座所做的广告设计。设计使用了后者创作的 Modern Suite 字体家族中的 Figgins Sans 字体和 Scotch Modern 字体。由于这些字体带有19世纪中晚期的风格，它们似乎非常适合反映同一时期的广告。设计很巧妙地模仿了19世纪晚期报纸和杂志的版式。

风格化的橱窗布置

第五大道的萨克斯百货（Saks Fifth Avenue）："想要！"

设计师玛丽安·班捷希认为："让文字看起来像它所描述的东西，这既具挑战性，又很有乐趣。有些文字很容易组合在一起，有些文字则需要多次修改。萨克斯百货创意团队完成了一项惊人的工作，这项工作运用了你所能想象到的每一种艺术创作方法。"该项目的艺术总监是五角星公司（Pentagram）的迈克尔·布雷特（Michael Bierut），以及萨克斯百货创意团队的特伦·谢弗（Terron Shaefer），2007 年。

↓ 荷兰写作大师扬·凡·登·维尔德（Jan van den Velde）的著作《书写艺术的反思》（Spieghel der Schrijfkonste）中的页面，1605 年。这份经典的手稿带有风格化笔迹，呈现了多样性，但最引人注目的是凡·登·维尔德艺术般的装饰笔形。虽然没有复制任何特定的形状或想法，班捷希显然从这种书写形式风格上获得了相关的线索。

标志策略

在20世纪六七十年代，有专门的机构开发了一系列新标志，这往往建立在抽象几何符号的基础上，经常不用字母。虽然这创造了许多令人难忘的画面，但也导致了许多无意义的圆和线条的构成，而且标志越抽象，就越难被识别或记住。

标志必须是独一无二的，只有这样，它才能反映出强烈的识别性。然而，这不是唯一的理由。当一个新标志与一个现有的标志有太多的相似之处时，会面临道德和法律上的问题。许多标志被注册为商标，因此，调研标志开发至关重要。右边的标志（打算设计为一个风格化的"Q"）由一个知名的软件公司于2007年发布。几乎与此同时，有博客指出，该符号不仅与苏格兰艺术协会（Scottish Arts Council）的"a"（左边）几乎一模一样，它也类似于其他6个标志的元素。没过多久，该标志就被撤回，并由一个新标志取而代之。

太过简洁也会出现问题，左边的例子可以做证。近年来，设计师通过文字标志策划更强大的品牌策略，确保标志具有实质性内涵，以及具有一个能讲述品牌、事件或它所代表的机构的故事。标志不必是一个单一、静态的实体，它可以有几种形式，可以是屏幕上的动画，甚至可以自动生成无限的变化，所以它每次出现都有些许不同。

↑ 作为绘制文字艺术家、字体设计师，以及早期自行车越野赛（BMX）爱好者，塞布·莱斯特用4种变体为Emer自行车公司的新BMX车架绘制了一个标志。"Emer公司说，他们想要一个能传达速度和动态能量的标志。"莱斯特说。他把Swift字体飞翔的曲线转化为猛冲的曲线，并在笔画中间加了一条线，使其变成空心字，以提高柔韧度，让设计看起来没有任何怀旧感。

↓ 这家芬兰unique公司的名字意为"独一无二"。萨库·海内恩（Saku Heinänen）使用模板字体，设计了这个有多种版本的标志，允许每个员工选择一个独特的变体，作为他（她）的名片。

彼得·比拉克的History字体是一种拥有众多变体的字体，不同的历史风格都能在这款字体里被识别出来。意大利的FF3300视觉艺术与设计机构为Index Urbis（一个有关建筑与都市主义）的庆典选取了识别字体。随机的手写体可以自动生成的标志具有无限量的变体，每一个标志都有多种层次的不同颜色和风格组合。

反映产品

Tolix 是一个法国的高品质金属家具品牌。当里昂 Superscript² 工作室里的皮埃尔·戴尔马·布利（Pierre Delmas Bouly）和帕特里克·拉勒芒（Patrick Lallemand）受邀重新设计该公司的标志时，他们决定赋予这个经典标志一种新面貌，而非重新设计一个更极端的标志。他们删除了有点儿幼稚的三维效果来简化标志，引入有关家具的视觉特色细节来表现这个标志。基于该公司具有鲜明特征的椅子，他们还为标志增加了一个小型的抽象图库。这个企业形象还包括了一个色彩方案（与 Tolix 公司家具的基本色有关），以及一款带有工业内涵的企业字体——一克里斯·索尔比（Kris Sowersby）设计的 National 字体。开发的设计模板可用于该品牌所有的印刷品。

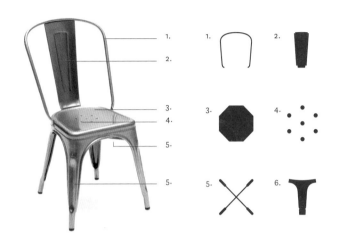

企业字体

在大部分企业形象项目中，一种字体或数种字体发挥着重要作用。在某些情况下，企业字体是某种单一的展示字体，与标志相匹配，专用于标题和广告语。而在其他情况下，存在一个具有不同字体家族的复杂系统，需要满足视觉传达全方位的需求——兼容的字体库，用这些字体对全范围内的手册、年度报告、广告、信笺，建筑和车辆上的文字、室内标牌、视频和网站进行设计。

如果该标志是为一个大型机构设计的，那么可以想象，设计公司会推荐一款定制字体或设计的字体家族。所采用的字体可以是现有字体的定制版。假使这种字体是当代的字体，那么最好是从原设计师或原字库厂商那里订购。它也可以是一套全新的字体家族，这取决于与字体设计师达成的协定，是能被该机构独家使用一段时间，还是无限期使用。

企业字体

设计一款定制字体并不便宜，然而因为以下几点，定制字体是最引人关注及最经济的解决方案，尤其对大型机构而言。对那些在大企业或行政机构工作的人，无论这些人处在（或有志于）哪个层级，告诉你们一些定制企业字体的优势。

- **独一无二** 带有个性的字体或字体家族可以为一个组织的视觉传达增添更强的冲击力，即使非专业的读者对此也很敏感。一份读者众多的报纸在改变其字体时所引起的激烈反应，便能证明这一点。

- **语言和技术** 一个机构决定设计或定制自己的字体家族后，可以利用这个机会精确指定自己的所需：所占据的市场所使用的语言，该机构使用的特殊符号，定制的箭头、图标或数字。它可以订购专门的小字号低解析度屏幕显示优化版本，作为最佳屏幕可读性的办公字体。设计师或字库厂商可以提供网络字体版本，以使该机构的网站具有个性。

- **特许使用费与经济** 拥有多台电脑的机构，需要为每款字体获得恰当数量的授权许可。如果选取了现有的商业字体家族，那为成百上千的员工获取许可是相当昂贵的，对一家快速成长的公司来说不容易管理。在这样的情况下，一款具有无限授权许可的定制字体是一个性价比更高的选择。

2008年，荷兰政府有超过200个部门、司局和内阁，它们全都使用不同的标志、色彩和字体作为形象标识。为了简化这种状况，荷兰政府举办了一个征集活动，由鹿特丹市的登贝设计赢得比赛。它提出了一个以精确定义的配色方案为基础的新标志，以及品牌识别设计。作为这个新形象的一部分，字体设计师彼得·维尔休尔（Peter Verheul）受邀为视觉传达的所有形式设计一套定制字体家族。以他早期创作的Versa字体为基础［这款字体的多种风格在《荷兰字体》（*Dutch Type*）中被首次使用］，Verheuls字体是一种统一了荷兰政府办公风格的元素。

文字设计营造环境

于2008年开放的Wiels当代艺术中心位于布鲁塞尔,它的前身是一家啤酒厂。这幢1930年落成的建筑由建筑师阿德里安·布洛姆(Adrien Blomme)设计,是布鲁塞尔仅存的为数不多的现代主义、装饰艺术风格的建筑,被精心修复。该中心视觉形象设计比赛的获胜者是在伦敦工作的比利时设计师莎拉·德·邦特(Sara De Bondt)。她复述了那场发言中的概要:"……Wiels当代艺术中心并不渴望扮演任何复古或怀旧的角色……","它当时最大的担忧是,以'拥有一点儿具有艺术性的惊人的文化遗产'著称",而非"Wiels当代艺术中心,恰好坐落于一幢美丽的受保护的建筑上"。虽然参考装饰艺术风格的形态做标志是一大"禁忌",但德·邦特最终是以一种非常巧妙的方式借用了该建筑的轮廓。

该标志被称为一款定制字体的起点,这是让Wiels标志的足迹遍布该中心所有设计上的好主意。在与德·邦特的一次生动对话后,字体设计师乔·德·巴尔德马克(Jo De Baerdemaeker)开发了Wiels Bold字体,一款醒目的单一字重的字体。该字体有着沉着的坚固性,让人想起国家公路上的路牌字体:一款具有强烈的比利时风格的、非装饰性的机械型字体。

↑ 一张修复前的Wiels当代艺术中心的建筑照片,叠加了黄色字形,展示艺术中心标志的来源。最终版的E具有标准化的比例。将字母进行了微妙的圆角处理,以获得一种更亲切的整体感觉。照片由盖伊·卡多佐(Guy Cardoso)提供。

↑ Wiels当代艺术中心走廊上的赞助者荣誉墙,字体为Wiels Bold;浮雕的铭牌与具有工业化外形的字体完美匹配,负形亦然。

→ 一幅展览海报,该展览展出了参与Wiels当代艺术中心视觉形象设计比赛的设计工作室。

↑ 用Wiels Bold字体设计的徽章和带有3种语言的宣传册。

材质与三维

当被放置在环境中时,文字可以有许多含义:可以巩固一个超级大国,界定或宣示一个地区,可以施加影响、加深印象或引发兴趣。当古罗马帝国开始昭示其铭文大写字母时,那不仅是一系列具有匀称形状的文本,还是一种政治声明——弗莱德·斯梅耶尔斯说它是世界上第一套形象识别字体——它具有象征权力的物质性。这是一套凿在普通石头和精美大理石上的字母表,延续了数个世纪,直至今日。今天我们不需用打磨精美的大理石来制造可以持续一辈子或更长时间的字体了。新技术和材料允许我们按一下按钮,就能把数字创造的形状带到三维空间。我们用数码照片和视频来记录更多昙花一现的结构。

字母被设计为二维符号。当用凿子雕刻在大理石上时(或用刻刀按压在泥版上,像楔形文字一样),就出现了介于二维和三维之间的效果。字体仍然来自书写,文本仍然要被阅读。

当文字以雕塑形式呈现时,它们就进入了一个不同的领域。文字的核心任务是语言交流,但语言交流不是文字构成物的主要功能。可以说,文本变成了一个借口。但也有这种情况,纪念性是传播策略的一部分——保留它作为"阅读机器"的功能时,文本长于生命。当我们远离物质媒介,使用越来越小、越来越多种可支配的屏幕进行日常阅读时,环境中的文字设计可以提醒我们文字物质性的一面。

↑ 在俄罗斯、荷兰和意大利,以直线构成字母是现代主义者追求简洁的一个方面。这些字形代表的不仅是一种意识形态,而且运用了三维结构呈现出实用性。意大利未来主义艺术家福尔图纳托·德佩罗(Fortunato Depero)为出版商 Bestetti-Tuminelli-Treves 设计了在意大利蒙扎(Monza)举办的第三届装饰艺术国际展览会(International Exhibition of Decorative Arts)上的书籍亭(Pavillion of the Book),1927年。

→ 现代技术使设计师能够把数字字体微妙的曲线转换为雕塑的造型。一款现代泰国字体的曲线形式被曼谷的 Cadson Demak 公司转化为展览家具。

纪念性阅读

"追随上帝"（Vai com Deus）是一个临时的装置艺术，被安装在圣母教堂（Ermida Nossa Senhora da Conceição）建筑的外立面上，该教堂的前身为葡萄牙波尔图的一家修道院。R2工作室的设计师莉莎·拉马霍洛（Liza Ramalho）和阿图尔·利贝罗（Artur Ribero）收集了数十种葡萄牙人表达"上帝"（deus）的词语，让人回忆起这座建筑的原有功能。

马灿休闲公园坐落于柏林郊区，因其世界花园项目而家喻户晓。公园里建造了中国园、日本园、巴厘岛园、迷宫园林和文艺复兴园林。2011年，基督园林作为一个新的公园落成。项目由Relais Landschaftsarchitekten景观设计事务所承接，该项目利用教堂走廊的模型，用铝铸的文字栅栏做墙，围起了通道。文本取自《新约》和《旧约》，提醒人们Christendom是一个"宗教"词。Xplicit公司的文字设计师亚历山大·布兰克孜克（Alexander Branczyk）设计了一款具有多种字重的字体，以便能建造一个坚固的垂直网格。

空间的错觉

字体与绘制文字为创造体量和透视上的错觉提供了无限的可能性。数字文字设计可以轻易增佳一个维度到打印或屏幕字体上,这使得三维字体变得泛滥。只有卓越的智慧和对细节的关注,才能为维度增加价值,并实现不凡的文字设计解决方案。

三维透视技术

我们的大脑具有强大的能力,为了构造一个更加"正常"或可接受的画面,它能纠正我们的眼睛所看到的景象。视错觉倾向于这种无意识地重新排列视觉数据。在某种程度上,透视是一种创建视错觉的手段,是一种强大的工具,能在一张二维的画布上呈现体积和距离。但透视也可以用来实现相反的事情:在一个空间中创建一张二维图片或一份文本的错觉。三维透视技术(anamorphosis)是文艺复兴时期的画家为了使画作尽善尽美而采用的一种技巧。他们这种通过拉伸或压缩图像来欺骗观者的方法,被应用于艺术和实用的设计中(例如画在道路上,从远处就可以识别的停车及自行车的标志)。设计师现在经常结合务实的诉求和有趣的实验,在标牌或空间营造项目上创造醒目的效果。

小说《沼泽》(*Der Sumpf*)是厄普顿·辛克莱(Upton Sinclair)创作于1906年的《丛林》(*The Jungle*)的德语版,描写美国肉类加工业的状况。这份创作于1922年的设计作品的设计者为约翰·哈特菲尔德(John Heartfield),原名赫尔穆特·黑茨费尔德(Helmut Herzfeld),他后来因其反纳粹的蒙太奇摄影而著名。他将摄影和三维文字完美地结合在一起,这在当时是独一无二的。

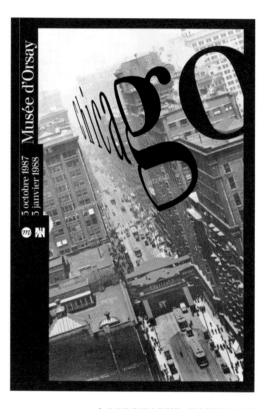

↑ 在这张海报由菲利普·埃皮罗格将20世纪大都市相互垂直的街道网格转化为一个模拟90度角的文字设计。《芝加哥:大都市的诞生,1877—1922》展览海报,奥赛博物馆,巴黎,1987年。

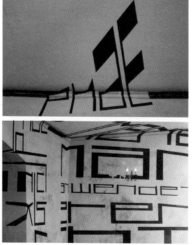

← 很像下一页所描述的导视项目。这一件作品由埃森市富克旺根学院(Folkwang Hochschule in Essen)的费利克斯·尤尔斯(Felix Ewers)及其同学创作。该设计运用了三维透视技术,"通过扭曲来校正"的视觉诀窍也能在达·芬奇和小汉斯·荷尔拜因的画作中找到。这段德文写道:"不存在没有用的现象。"这件作品没有使用已有字体,字体是为这个项目专门设计的。

用于导视的三维透视技术

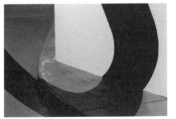

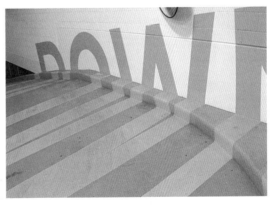

由 Emery Studio 工作室为墨尔本的 Eureka 大厦停车场设计的导视。设计师阿克塞尔·戴莫耶（Axel Peemöller）没有安装传统的导视，而是提出将整个空间作为画布使用。该场所很不规则，道路曲折，并有路缘和柱子，这些因素都挡在一个"干净"的画面前，于是设计师利用了三维透视技术：扭曲的透视图可以让观者从一个特定的视角看到关键词神奇地飘浮在空中。

四维空间

有声电影发明之后的数十年，电影里的字体所意味的是片头的一系列静态标题，以及片尾的一组滚动字幕。设计师兼插画家索尔·巴斯（Saul Bass）用切断图形化电影片头的方式，改变了这种状况。巴斯在20世纪50年代中后期创作的动画尤其引人注目，他使用了能移动的、简单裁剪的图像和字体来达到效果。10年之后，片头字体和它在前数字时代所呈现的一样精致，如1968年的《太空英雄芭芭丽娜》（Barbarella）的电影片头展示了简·方达脱衣服

时，优美的自由飘荡的动态字体同时从她的太空服和身体中发散出来。许多用于电影或电视的片头动画字体纷纷仿效，并使用摄影技术来制作或通过手工来绘制，但莫里斯·宾德（Maurice Binder）的《太空英雄芭芭丽娜》动画仍然很突出。

一旦数字化的工具被广泛使用，无论在视觉上还是概念上，分层、维度和交互性为动态字体的探索手段和增加深度带来了新的可能性。动态字体最早的案例在艺术装置中。1988年，在阿姆斯特丹的澳大利亚艺术家杰弗里·肖（Jeffrey Shaw）创作了《易读的城市》（Legible City）。这是一件互动作品，观众可以在一个用字体构成的虚拟城市中骑行。法国的H5设计团队可能在不知不觉中仿效了这件作品。他们为亚历克斯·高福尔（Alex Gopher）制作了一个名为"小孩"的视频，讲述了一辆疯狂的出租车驶往市中心医院，所经过的建筑、物品和人物均是由二维和三维文字所描述的。这一作品成为YouTube（优兔）网站上最受关注的视频之一。

解构

在20世纪90年代，最初在印刷中所倡导的风格，在视频作品中也活跃起来。如托马特（Tomato）、乔纳森·巴恩布鲁克（Jonathan Barnbrook）和大卫·卡森（David Carson）这样的设计师对文字设计视频进行分层、破坏和解构，即我们现在所称的"垃圾"（grunge）风格。凯尔·库珀（Kyle Cooper）在他为电影《七宗罪》（Se7en）制作的片头中，直接将他的字体绘制在胶卷上，以获得"潦草"的效果。

动画字体现在既是许多设计师作品集中的一部分，又是许多设计研究生的课程内容。逐字视觉化解读摇滚歌词现在自成一体。设计师只有精通字体和文字设计，设计动态作品才能完全取得成功，因为这些元素在动态设计中是更为明显的方面。只有视觉效果和节奏与富有经验的文字设计齐头并进时，动态字体才能呈现最佳效果。

↗《太空英雄芭芭丽娜》的字幕。

↓ 在许多动态设计作品中，文字设计发挥着重要作用，字体的选择和精细的文字排版对于动态和概念而言却退居其次。而设计师贾勒特·希瑟（Jarrett Heather）为乔纳森·库尔顿（Jonathan Coulton）的歌曲Shop Vac所制作的视频不属于这种情况。每一个文字设计上的参考都恰到好处，每一个假冒标志都是完美的恶搞或模仿。

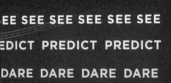

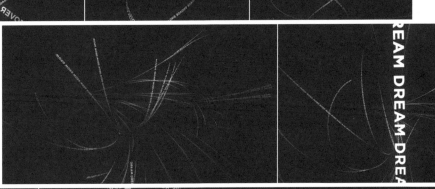

这是由 Trollbäck + Company 公司为 2009 年 TED 举办的活动制作的动态文字设计。通过玛雅软件制作，这一作品花了两位设计师两周的时间来完成基础设计，两位 CG 动画师花了大致一个半月的时间将它制作出来，最后成为"一个只有些许剪辑的流畅的动画"。这项设计最大的挑战在于"让线性语句以一种精确、灵活的方式旋转和扭曲"。

手工制作的诱惑

大约20年来,几乎所有的文字设计都是在电脑上完成的。越来越多的工作被长期保持在虚拟状态中:网站、报纸、节日问候,甚至书籍的生产和销售都在屏幕上完成。一个仍在增加的设计师群体对此表示不满——这样的设计失去了作品可触摸的一面,于是他们怀念起那缺乏技巧(人工操作材料、工具和机器)的年代。就像低保真唱片和原声音乐为摇滚乐带来新鲜和革新一样,文字设计世界重新发现,可以将前数字化平面技术作为一种方法,寻找新路径,重开旧路径。

并非怀旧

这一切几乎与怀旧无关。以萨姆·亚瑟(Sam Arthur)和亚历克斯·斯皮罗(Alex Spiro)为例,这两位伦敦设计师放弃了数字电影和动画事业,创立了Nobrow——一个为限量版手工书和印刷服务的出版平台及丝网印刷工坊。他们说:"我们在技术方面没有任何问题……我们只是不想成为'最容易或最有效手段'的奴隶……我们尝试将模拟传统印刷技术与我们这个具有数字化框架的世界相结合。"丝网印刷是一种受欢迎的技术,因为"它具有触感、轻微凸起于纸面的油墨、生动的色彩,以及在批量生产过程中任何不能复制的美丽错误"。还是在伦敦,艾伦·基钦(Alan Kitching)的文字设计工坊展示了活版印刷(通常用大号木活字)如何被用来对平面设计进行创新。基钦在英国及其他国家都有着巨大的影响力。

活版印刷在美国和加拿大已经变成了真正的主流,很多诸如邀请函和纪念品这样的小版面是通过准备好的数字文件完成的,然后将这些文件制成树脂版,在打样机上印刷出来。同时,越来越多的平面设计师对使用金属活字和木活字表现出兴趣。《字体》(Typeface)这部成功的电影描绘了位于威斯康星州的汉密尔顿木活字博物馆(Hamilton Wood Type Museum)的一个画面,展示了年轻设计师如何从手工印刷的局限和惊喜中获得灵感。

欧洲和北美洲的机械印刷技术都已经走出了私人小型活版印刷工坊和通常趋于保守的私人文学出版这些乏味的困境。让你的双手沾满油墨吧!没错,它回来了。

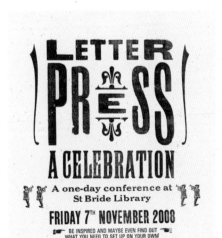

← 这是在伦敦的圣布赖德(St. Bride)书籍馆举行的活版印刷会议海报,由海伦·英厄姆(Helen Ingham)设计及印刷,这位Hi-Artz出版社的所有者,也是圣布赖德基金会印刷工坊的活版印刷导师和工作坊的推动者。

→ 尼克·舍曼为电影《字体》创作的海报,木活字制作。

活版印刷的现代化

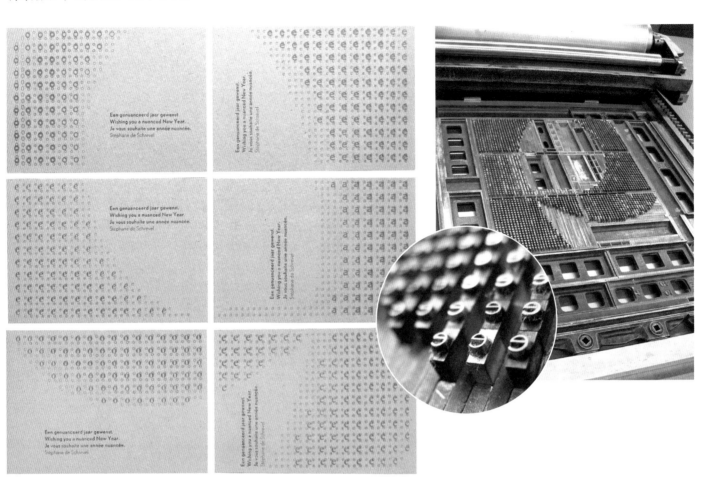

↑ 史蒂芬·德·斯赫雷费是一位荷兰书籍设计师，在根特市工作，他既使用数字技术，又使用模拟传统印刷技术，有时也会混合使用两种技术。2009年，他印了6张新年贺卡，每张各不相同，当6张被放在一起时，可以组成数字"9"（极精微的校准）。组版的活字都来自铸字厂，共有3种颜色，计2 879个，全部手工操作。

→ 阿米纳·萨里恩（Armina Ghazaryan）是一位在比利时根特市工作的亚美尼亚设计师。她在这张婚礼请柬中结合了模拟传统活版印刷技术和数字技术。这种工序在北美洲很受欢迎，在欧洲也开始流行起来。数字化文件被加工为树脂、镁或锌制成的凸版，然后在平版印刷机或圆盘机上印刷。这种方式允许设计师使用最新的数字字体，像这个作品一样，用了Lián Types公司的Reina字体，为作品增添了一些手工制作的味道。今天，奢侈的活版印刷作品的魅力部分在于压凹（debossing）的结果，这种凹凸效果是在柔软的纸上压印所致，而这在过去是活版印刷力求避免的。

诞生于1886年的莱诺整行铸排机,是第一款用于铸成一行铅字的机械系统。它也是第一款具有商用可行性的排字机器,获得了世界范围内的成功,尽管事实是它需要被不断维护——有成千上万的零件需要清洁、调整,有时还需要更换。每一个零件都被列在这份Mergenthaler莱诺整行铸排机公司的目录中,纽约,1934年。

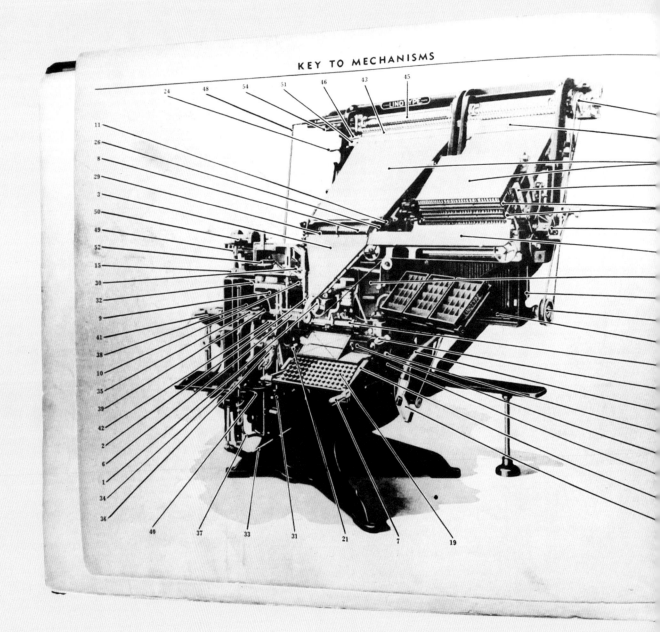

字体与技术

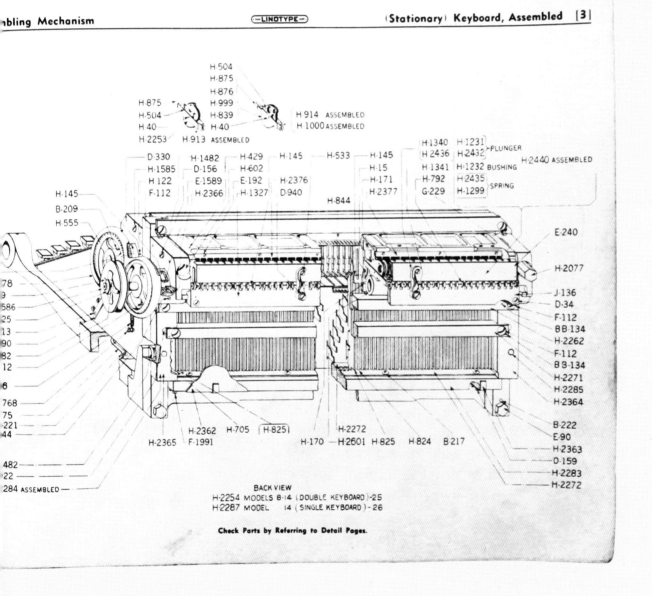

文字设计的技术简史

大约1450年,西式活版印刷术出现在德国美因茨市。约翰·基恩斯费尔施·拉登·古登堡(Johann Gensfleisch zur Laden zum Gutenberg,经常被称为约翰内斯·古登堡,很可能是这一技术的发明者,因为正是他的印刷车间生产了《四十二行圣经》——第一份由新技术制作的杰作。这些《圣经》的制作时间在1452~1455年,大约印了180本,其中有21本被完整地保存下来。古登堡不仅印刷书籍,还印刷天主教会委托的赎罪券。赎罪券是有关宗教荣誉的文书,那些轻信的信徒通过购买它赎回罪孽,印刷赎罪券可能部分资助了古登堡的实验。

媒体革命

印刷术从德国南部传播到意大利、瑞士、法国和荷兰。在15世纪70年代,它以引人瞩目的步伐前进,近100个欧洲城市设有印刷机。就媒体影响力而言,只有约500年后出现的电视机,可以与之相提并论。这里只提一个方面:没有印刷术的话,路德(Luther)和加尔文(Calvin)的思想就不会传播得如此之快。宗教改革、圣像破坏运动,以及随后16世纪和17世纪的宗教战争将会进行得更缓慢,或者根本就不会发生。

↘ 古登堡的杰作《四十二行圣经》中的一页。只有红色和黑色的文字是印刷的,彩饰是购买印刷品后手绘而成的,每个版本都不一样。

↙ 为了顺利引入新的技术,古登堡竭尽全力使他的《圣经》接近手抄本。他在《圣经》中使用了299个不同的字符,包括修道院抄写员为节省空间发明出来的很多缩写。古登堡的后继者们严格地简化了字符集,直到570年之后OpenType格式的出现,这些数量丰富的备选字符才再次被启用。

字冲与铸字

印刷术在其诞生的最初几十年里，发展成为一种成熟的工艺，自此有近400年没有实质性的变化。我们无法准确地知道第一批印刷机是如何工作的。新发明的技艺笼罩在神秘的气氛中，这一创举涉及巨额的投资，没有人把相关内容写下来，他们不急于告诉竞争对手，他们究竟发现了什么。直到1683年（将近250年后），第一本印刷手册才得以出版——英国人约瑟夫·莫克森（Joseph Moxon）所写的《机械操作》（*Mechanick exercises*）。

我们所知道的是，制作字母很快成为一种专业。字冲雕刻师成了为印刷厂或活字铸造商提供字冲和铜模的自由职业者。多亏了莫克森的书作及皮埃尔·西蒙·傅里叶（Pierre Simon Fournier）的《文字设计手册》（*Manuel typographique*），我们直到1764年才准确地知道活字是如何被雕刻和浇铸的——而且十有八九，是从15世纪晚期开始的。

这就是活字制造的过程：

↑ 17世纪亚伯拉罕·范·维特（Abraham van Werdt）所创作的这张版画，清晰地描绘了几个世纪以来印刷作坊的工作。妇女和儿童（有时候）担任排字工人。印刷由两个男人完成——操作手动印刷机需要体力及协调性。

    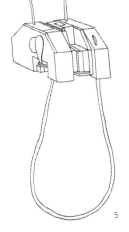 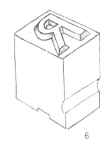

1　2　3　4　5　6

↑ 用一把锋利的刀在一块未淬火的钢上雕刻出基本形（字腔专用字冲）（图1）。通过加热和迅速冷却的淬火之后，用它把字母的字腔形敲入另一根钢棒（图2）。得到的钢棒随后被雕刻成为一个镜像字母——字冲（图3）。

↘ 工作中的字冲雕刻师。

↑ 钢制的字冲淬火后敲入铜块——一种软金属，制作成铜模（matrix）（图4）。这个空心的、"可读"的铜模是所有此样式字母的母型，因此使用"matrix"（这个词除字模等意思外，还有母体、子宫的意思。——刘钊注）命名。

↑ 铸字是用这种结构的手摇铸字机完成的（图5），在标准高度的带有字母的铅字字身上，浇铸标准的字缺和字沟（图6，前者为中间的凹槽，后者为底部的凹槽。——刘钊注），这样它就可以在印刷机上轻易地与其他字符拼版，排字工人不看就可以辨别出铅字的顶部和底部。这样的金属字符就是铅字。

→ 荷兰字体设计师弗莱德·斯梅耶尔斯做的示范。他是《字腔专用字冲》（*Counterpunch*）的作者，此书于1996年出版，是权威的有关字冲雕刻的书籍。

五个世纪的文字排版

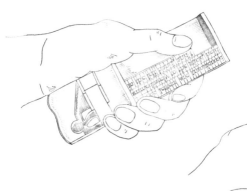

← 每一个字母在字盘中都有自己的固定位置，这样排字工人摸索着就能找到。大写字母（和小型大写字母）在字盘的上部，小写字母在下部。由于这个原因，前者被称为"uppercase"（大写字母），后者被称为"lowercase"（小写字母）。活字字盘的布局根据国家的不同而不同，部分原因是每种语言需要的字母数量不同。这是一种法国字盘，特殊的连字和变音符也被放在字盘上部。

↑ 这是一个中等规模的排字间，时间约为1900年。每一个排字工人都使用一个铅字盘——一种放置在顶部倾斜的搁架上的扁平箱子。每次使用完之后，工人把字盘像一个抽屉一样放回搁架，并拉出另外一种字体。

↓ 手工排字的工作量很大，铅字归位（将铅字放回字盘）是一项独立、耗时的工作。这就是为什么排好的书籍活版经常被囤起来，以备重印。这被称为"备用版"（standing type、live matter 或 standing matter），这些活版占用了大量的空间。

↑ 排整齐。先在手盘上排几行文字，一个字母挨着一个字母地从右至左反向排列。为了每一行都对齐，词与词之间需增加相同的间距。在排完几行之后，从手盘上取出文本并转移到类似烘烤盘似的铁盘上。当完整的文本被放在铁盘上时，就可以为页面进行修饰了，如果需要的话，可以增加行距及附属物，如线条、装饰、网版。拼好的活版用捆版线固定。

→ 最后，活版被锁定在一个钢质框架（或版框）中。使用木制或金属附属物将版框拼合并校准位置，以备印刷。照片由德国韦申博伊伦市 bleiklötzle Buchdruckatelier 活版印刷工坊的安妮特·C. 迪斯琳（Annette C. Dißlin）提供。

石版印刷：胶版印刷之母

从大约 1800 年起，印刷领域的革新接连不断，如第一台造纸机（1798 年）、斯坦霍普（Stanhope）铁制印刷机（1800 年）、浇铸铅版法（stereotyping，一种廉价的复制整页金属活版页面的方法，1805 年）、柯尼希（König）蒸汽印刷机（1811 年）、第一台机械铸字机（1822 年）。

在那个时代的所有发明中，石印（石版印刷）可能是与今天最为相关的。阿罗斯·塞尼菲尔德（Alois Senefelder）是一个事业欠佳的德国剧作家，他当时在寻找一种能够复制自己作品的方式。在 1796～1798 年，他利用油水不相容的特性，发明了一种通过光滑的石灰石来制作印刷品的方法。用蜡笔或油墨在石板上作画，然后将石版打湿，用滚子将油性墨滚于石板，油性的部分吸附墨，水性的部分则相反，最后将绘画转印于纸上。

石版印刷使设计师摆脱了活版印刷的局限性，特别是矩形网格、对预制字符和装饰物的依赖。此外，石印很高效。敏捷的工匠能立即将设计复制到石版上。今天，提及石印，我们往往想到那些用粗粉笔绘制的，以及用柔和色调印刷的印象派作品。然而，在通常情况下，过去的石版画乍看之下与铜版画难以区分，可见当时的这些石版画是多么精巧清晰。

机械化

19 世纪，石版印刷成为常用的技术，主要用于广告、股票证券，以及地图。为了加快速度，人们发明了自动石版印刷机——重达数吨的庞然大物，开始由蒸汽提供动力，后来由电动引擎驱动。石版印刷可以在约 1840 种颜色中套色，但由于一块石版只能用一个颜色，所以整个印刷过程还是很辛苦的。这种情况在 1870 年发生了变化，法国招贴艺术家朱尔斯·谢雷特（Jules Cheret）发明了一种方法，只需使用 3 块石版，通过透明油墨套印，可以创建出一系列颜色。

石版印刷现在仍然在二维艺术中广泛运用。有趣的是，再也没发现比索侯芬（Solnhofer）

石灰石更好的石头，正是这种带有精致细孔的石灰石促进了塞尼菲尔德的发明。

胶版印刷

基于同样的原理，胶版印刷是为了生产快速流通的非艺术化产品的。时至今日，它是最常见的印刷技术。这一技术的核心原理也是源于油与水的相互排斥。石版被绕在圆柱形滚筒上的金属或者聚酯的版所取代，现在是通过照相制版和一些化学手段将图像转移到版上。几十年来，胶印版是用透明涤纶片照相制版逼真地创建出来的，但今天的版面成像通常直接来自电脑——计算机直接制版（computer-to-plate, CTP）。新技术降低了成本和生产时间，提高了印刷质量。

↑ 石版与印刷成品。由于石印在装饰物和图案设计方面有极大的自由度，对任何价格的纸张而言，它都是一种常见的技术。石版印刷有一个额外的优点，制好的石版，可以印刷的数量非常大——高达几百万份。但想更换版面，必须重新打磨，这很费力——因为画面会深深地渗透到石板的细孔里。

加快印刷速度

19世纪是一个工业化的时代。蒸汽机的出现引起了生产过程的机械化,在此之前,生产一直依赖人类和动物的肌肉力量。在印刷行业,机械化与机器构造的新原理密切相关。例如,在报纸印刷中,扁平的印版被滚筒所代替。使用金属活字的、人工排版的页面被压制成纸型(papier-mâché slab),由此产生了可以浇铸印版的模具——这一过程被称为浇铸铅版法。由于纸型的可塑性强,可以弯曲形成空心的模具,以此浇铸出半圆形的金属版,两块金属版可以拼成整个滚筒。

1866年,伦敦的《泰晤士报》的所有者约翰·沃尔特三世(John Walter III)指示安装轮转印刷机(rotary press),来报道独家新闻。这台机器不仅配有轮转机滚筒,还使用了长达千米的"无限长的"纸张,而不是单张的纸。

↑《伦敦新闻画报》(Illustrated London News)的工人们微笑着在1843年生产的蒸汽印刷机上进行奴隶劳动。

← 在莱诺整行铸排机发明之前,Kastenbein 排字机最为成功。

↓ 佩奇的排字机,付出了很大代价。

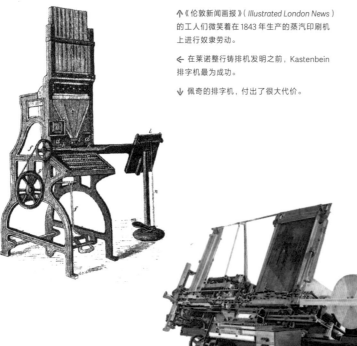

机械排版

当印刷速度提高时,手工排版变成了一个令人讨厌的瓶颈。因此,从19世纪初开始,许多发明家和江湖骗子在寻找终极的自动排字机。很多人尝试将排字工人的工作机械化——从字盘挑选单个字母,但事实证明这是不切实际的。例如,操作1840年的Young & Delcambre 琴键式排字机(Pianotype)需要7个人,虽说后来的版本只需要3个人即可完成。

Kastenbein 公司出产于1869年的机器也仅需3位操作者即可运转,这台84键的"铅字分拣机"较为成功。佩奇(Paige)发明的排字机相当复杂,有18 000个零件,它把专利局的两个官员逼得发疯,还导致了作家马克·吐温的破产。当时,马克·吐温为佩奇的排字机投入了相当多的资金。

铸字排版

莱诺整行铸排机：整行的铅字

第一位成功制造出排字机的技师是奥特马尔·默根特勒（Ottmar Mergenthaler）。他是在巴尔的摩工作的德国仪器制造商。默根特勒的突破性发明在于机器分类，还有不是采用铅字，而是铜模排版。1886年，他制造了一台灵巧的机器，能生产新型铸造的整行铅字。因此该机器由此得名：莱诺，意为整行铸排机，技师称这些铅字行为大嵌条（slugs）。

在英国、德国和美国，莱诺整行铸排机的生产引起了报业的革命。现在，报纸每天能更快、更便宜地生产。直到1960年，整行的标题字依然在铸造。

照相排版技术出现后，莱诺整行铸排机变成了新技术的先驱，但多语言排版的突破性进展给它带来了很大麻烦。只有莱诺德国分公司——一家相对较小、主要拥有如 Helvetica 和 Frutiger 等字体版权的公司——幸存下来。

整行铸排机的工作原理

单个黄铜字模，业内人称"铜模"，通过键盘控制排成列，直到一行字排满为止。整行铜模有字母的凹面（在图中位于左侧面。——刘钊注）被按压住，液态金属注满其中，并瞬间凝固。不到一秒钟，一整行铅字就落入铁盘。该机器最杰出的功能之一是分拣系统：每个铜模都有一个缺口（在图中位于上面。——刘钊注），像钥匙的齿一样独一无二，允许机器自动将每一个铜模放回正确位置。因此，铜模通过机器无休止地循环。

蒙纳单字铸排机

几乎就在莱诺整行铸排机被引入的同时，托尔伯·兰斯顿（Tolbert Lanston）发明了蒙纳单字铸排机，该机器首次出现在1887年。蒙纳单字铸排机的排版与铸字是分开的。打字员制作一条打孔纸带，并将打孔纸带安装到单字铸排机上。因此，需要几个排字工人完成的工作可以由铸排机来处理，而且可以把机器放在不同的房间。顾名思义，蒙纳单字铸排机浇铸的不是大嵌条，而是单个铅字，并能把铅字以正确的顺序排列。这使得它比莱诺整行铸排机更加复杂。如需改正内容，蒙纳单字铸排机可以替换单个字母，而莱诺整行铸排机则必须重新浇铸一行铅字。

和所有的系统一样，蒙纳单字铸排机拥有自己特别设计的字体，质量无与伦比。虽然蒙纳单字铸排机是"文字设计中的三角钢琴"，但莱诺整行铸排机更易于管理，是一款真正的主力机型。

该公司后来发展为今天的蒙纳公司（Monotype Imaging），在数字化文字设计领域里是世界上最大的玩家之一。2006年，该公司收购了其昔日的竞争对手莱诺公司，2011年11月，蒙纳宣布收购 MyFonts——它在字体领域最大的竞争对手。

← 蒙纳单字铸排机的键盘。

利用光来排版

第二次世界大战结束后,胶版印刷在西欧崭露头角。相较于活版印刷需要为每一个图像和每一种颜色生产单独的印版,柔韧的胶印印版为图片的再现带来了优势。不过,最初在胶版印刷中进行文本复制是很麻烦的。将铅活字印在专用纸上拍照,然后在胶片上与网点图像结合,然后将胶片再次曝光。照相排版技术的出现终结了这种费力的方法。

20世纪50年代,印刷厂一个接一个地采用了照相排版系统。文字排版不再依靠机械式地"压印",而是借助照相完成。照相排版使用满载印刷字体的玻璃或塑料的方盘,或是圆盘,以闪电般的速度一个接着一个曝光,形成版面。

最早的照相排版看起来像是从铸排机改造而来的,Monophoto 照排机的键盘和字盘几乎与旧的蒙纳单字铸排机是一样的。

早在20世纪60年代,电子照排机就已经很普遍了。不同型号的机器之间互不兼容。每一个厂商都有自己的系统,每一个系统都有专用字体。与大多数金属活字相比,照排机字盘上某一字体的所有字号都源于一个单一镜头,有时候意大利体(更准确的说法是:斜体),甚至半粗体都是利用光学或电子手段,从一个"常规体"的底片变形得到的。

↑ 布拉姆·德·杜斯创造的 Trinité 机最初是为 Bobst Graphic 公司和 Autologic 公司生产的照排机。在这个系统里,单个字盘里能装8个版本的字体。

← Berthold 系统的玻璃版,带有赫尔曼·察普夫(Hermann Zapf)的 Optima Normal 字体。

人人都能用的展示字体

↑ Letraset 公司：干式转印使用说明书。

↓ 直到 1987 年，Letraset 公司才公布了一份干式转印字体的新目录。奥马尔·马特（Otmar Motter）是一位专门设计大型展示字体的设计师。

自 20 世纪 50 年代以来，创新接连不断。不过有一件事情一直没变，那就是排版设备和字体需要巨额投资，这导致排版公司承受了高额的费用。一条带有几行展示字体的文本（例如海报或书籍封面），可能会花相当于 30～50 美元或欧元的费用。许多平面设计师出于必要性，使用手绘文字——既徒手画，又使用尺规绘制。

Letraset 公司与 Mecanorma 公司

对很多设计师而言，干式转印字的出现意味着一种真正的解放。他们不再受排字机里有限的字体或工作时间的限制。此外，主要的生产商，即英国的 Letraset 公司和法国的 Mecanorma 公司明智地雇用了年轻的字体设计师。这些设计师努力将当下的流行因素——从几何风到怀旧风，及至迷幻风——转化为独创的字形，并将这些字形与经典字体一起以干式转印的形式发行。

干式转印系统由伦敦人阿达·戴维斯（Dai Davies）发明，他在 1961 年发行了自己的第一个 Letraset（字母、符号）转印系统系列。一个令人惊讶的自制工艺发展成了批量生产。文字的形通过手工裁切红色优乐诺（Ulano）的遮光菲林而来，没有其他的工具能比得上像解剖刀一样的自制刀片。Letraset 公司成立了一个具有师徒制的工作室，为的是完善这种方法，并将之传承下去。像法里·萨克（Freda Sack 有同名公司）和戴夫·费雷（Dave Farey）这样的英国著名字体设计师，就是在 Letraset 公司开始他们的职业生涯的。

在欧洲大陆，Mecanorma 干式转印字特别受欢迎。除了许多著名的经典字体和现代字体外，这家法国公司也有自己的独家字体，主要是由自由设计师创作。20 世纪八九十年代，Letraset 公司和 Mecanorma 公司发布了各自的数字版本字体。

↓ 20 世纪，干式转印系统不断推新，开始允许设计师自己对标题字和广告标语进行排版——通常收效甚微。

↓ 1980 年，阿姆斯特丹的设计师马克斯·基斯曼也从红色优乐诺（Ulano）的遮光菲林上裁切自己设计的字母。但并不是用于 Letraset 干式转印上，而是用于自己的海报和杂志。

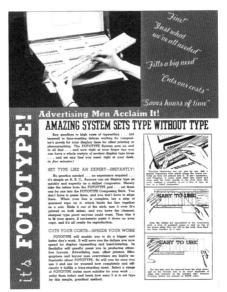

技术发展的利弊

对于印刷界来说，20世纪七八十年代是一个令人困惑、沮丧的时代。新技术迅速地相继出现，很多公司发现，就在它们投巨资恢复使用照相排版的数年前，新的数字化技术已经在敲门了。印刷与排字公司决定购买像汽车大小的数字化系统（比汽车更昂贵）后却发现，几年后，他们被使用一台苹果电脑的年轻人所超越。

最初，用新技术制作的版式往往存在质量问题。技术进步的拥护者们异口同声地说，人们必须习惯这种事实，这些用新技术制作的字体只是看起来不同。但这些技术的不足之处是真实、客观的。照相制版通常是模糊的，因为刺眼的光束会把字形磨圆。非常小的字是从同一份底片上的正文或标题字得来的，看起来会过于纤细。用非常快的阴极射线管技术制造的字母，会有肉眼可见的锯齿状边缘（这里指激光排版。——刘钊注）。只有通过使用激光束增加扫描仪和打印机的分辨率后，打印页面才能获得与旧的相应技术相当的清晰度。

排字公司的终结

1990年左右，台式电脑变得很普及，字体的价格迅速下降。对设计和广告机构而言，可以更容易、更便宜地设置自己的字体，但排字公司却一家家地倒闭了。

这是不可避免的情况，很多对我们来说至今还有用的专业知识、专业标准，连同旧技术一起被抛弃了。比起吹毛求疵的排字公司，平面设计师的排版标准往往宽松得多，曾经是生产过程中必要的校对环节（当时手稿需要排字工重新输入）在很多情况下，出于节省成本或漠不关心的原因，已经成了匆匆一瞥。

在这里，设计学院有一项任务：今天的设计师需要学习如何去执行专业排字工和校对员所做的工作，因此现在已经没有专人在做这些工作了。

← 一份字体样本的细节，来自阿姆斯特丹的"排版工"布卢姆（Bloem），展示了在Berthold数字系统上设置的几页完整的版式。电子化的字体被压缩或是向前和向后倾斜的可能性，在过去被当作主要优点。现在，这些变形的字体则被认为是一种非常糟糕的品位。

↓ 在杰拉德·因赫尔设计的Demos字体原始版本中的字母"a"。这是为使用点阵字体的Hell Digiset激光排版设备设计的。

↘ 为绘制Digiset字体，有时候需要字体设计师手工设计像素布局。

数字时代的字体：我们需要更多的字体吗？

直到20世纪80年代中期，字体设计领域仍具有排他性。要想进入这个领域，必须提交一份（纸面上的）字体设计给字库厂商，诸如莱诺公司、ITC公司或Berthold公司。如果他们决定让你加入，那该设计将会经过一个昂贵的生产过程，涉及大量的测试、重新绘制及会议讨论，等等。这样就能理解，字库厂商为什么每年只发布少数新字体了。

在20世纪80年代中期，一家名为Altsys的公司为Macintosh电脑发行了第一款字体设计编辑程序——Fontastic（点阵字编辑程序）和Fontographer。1990年，Adobe公司通过公布PostScript技术参数，促进了字体设计制作的民主化。同一年，FontShop公司启动了FontFont收集，并积极开始寻找新字体来发布。几年之内，整个字体界完全重新洗牌了。

150 000套字体

快进20年。根据最近的估计，现在有超过150 000套字体可以直接下载。这些字体大多数是快餐式的展示字体，并没有太多原创性，且质量平平。产生这种情况的部分原因是制作和发行字体变得相当容易。许多设计师发布自己的字体，质量通常处于较低水平。

好消息是，高质量的原创字体也有了高速增长。雄心勃勃的字体设计师在网上或现实生活中寻求同行的评议。那些爱好字体设计的年轻平面设计师，决定重新成为学生，并参加在雷丁、海牙、布宜诺斯艾利斯或其他地方开设的高水平专业字体设计课程。作为完美主义者，他们可能会用数年时间来锤炼他们的第一套字体家族，直到其成为一个成熟的、具有顶尖质量的字体产品为止。

我们是否需要更多的字体，这个问题经常出现：如果一款现有的字体能完成这个工作，那创作一款新字体有什么用？这是一个复杂的议题。"能完成这个工作"是什么意思？字体为文本赋予个性的方式几乎是潜意识的。有一些人认为字体设计师应该专注于清晰可见的问题和需求，例如为亚洲语言创作更多、更好的字体。即使只使用拉丁语系的用户也会由衷地对"新品位"感兴趣。这仅仅是一个合理的功能型设计：向文字设计调色盘添加新的版面灰度。例如为本书英文版增添特别气氛的两款主要字体Rooney和Agile，在3年前还不存在呢。

文字设计的多样化

世界上有成千上万种类似的葡萄酒、巧克力、纺织品或灯具等。每一个使用者在特定的时间点上都有更青睐某一款的诸多理由。口味上的略微不同，以及略微不同的价格，可能会令你今天决定买这款或那款。在一些场合上，一款更平常、更便宜的红酒可能更适合。字体也有相似的情况。字体的多样性是一件好事，这需要用户——尤其是专业用户——不断提升品位，培养对什么场合适合什么字体的直觉，乃至一路走下去，成为一位鉴赏家。

说真的，有这么多可用的字体，为一项工作选择合适的字体不是没道理的。但是你要找的是众所周知的答案吗？平面（文字）设计师是一种混合了丰富因素的工作，如时装设计、烹饪或流行乐。学会热爱并对用于文本造型的素材保持好奇，应该是每一位平面设计师教育中的一部分，同时这还可以让职业生涯更有价值。

↑ EcoChallenge是一款免费的iPhone应用程序，由柏林的Raureif界面设计公司联合波茨坦技术大学（Postdam Technical University）开发。对于这款"可持续生活方式的配套应用程序"，Raureif公司选择了Rooney Pro字体（也是本书英文版的正文字体）作为主要字体。这一套新出的字体家族将人文型字体的庄重和亲切感结合起来。此外，其开放的结构和圆的笔画对小屏幕而言是一款不错的字体。2011年9月，EcoChallenge赢得了视觉传达类的CleanTech传媒奖（CleanTech Media Award）。

参考书籍与延伸阅读

下面选取的书籍和文章是本书的参考文献，推荐给那些对某个专题感兴趣的读者。这里不包括我选用的荷兰语书籍。我的确列入了基本上属于最近出版的德语书籍，这些书籍内容的完整性都是无与伦比的。

阅读方法

Peter Enneson, Kevin Larson, Hrant Papazian et al., *Typo* 13 (Legibility issue), Prague 2005

Thomas Huot-Marchand, *Minuscule/ Émile Javal*, 256tm.com

Émile Javal, *Physiologie de la lecture et de l'écriture*. Cambridge University Press, Cambridge 2010 (or.1905)

Kevin Larson, *The science of word recognition*, microsoft.com/typography/ctfonts/wordrecognition.aspx

Gerard Unger, *While You're Reading*. Mark Batty Publisher, New York 2007

平面设计与文字设计

Phil Baines & Andrew Haslam, *Type & typography*. Laurence King, London 2005²

Eric Gill, *An essay on typography*. J.M.Dent & Sons, London 1960⁴ (or.1931)

David Jury, *About Face: Reviving the Rules of Typography*. Rockport, 2002

David Jury, *What is typography?* RotoVision, Mies/Hove 2006

Ellen Lupton, *Thinking with type*. Princeton Architectural Press, New York 2004

Theodore Rosendorf, *The typographic desk reference*. Oak Knoll Press, New Castle 2009

Michael Bierut, Steven Heller et al. (ed.), *Looking closer*, Vol. 1–5, Allworth Press, New York 1994–2006

书籍设计与精微文字设计

Robert Bringhurst, *The elements of typographic style*. Hartley and Marks, Vancouver 1992 (2005, v.3.2)

Geoffrrey Dowding, *Finer points in the spacing & arrangement of type*. Hartley and Marks, Vancouver 1995 (or.1966)

Friedrich Forssman & Ralf de Jong, *Detailtypografie*, Hermann Schmidt, Mainz 2002

Friedrich Forssman & Hans Peter Willberg, *Lesetypografie*, Hermann Schmidt, Mainz 2010

Andrew Haslam, *Book design*. Laurence King, London 2006

Will Hill, *The complete typographer; A foundation course for graphic designers working with type*. Thames & Hudson, London 2010³

Jost Hochuli & Robin Kinross, *Designing books: Practice and theory*. Hyphen Press, London 2003

Michael Mitchell & Susan Wightman, *Book typography: A designer's manual*. Libanus Press, Marlborough 2005

Gerrit Noordzij, 'Rule or law'. hyphenpress.co.uk/journal/2007/09/15/rule_or_law. Originally in Paul Barnes (ed.), *Reflections and reappraisals*, Typoscope, New York 1995

视觉组织和网格

Allen Hurlburt, *The grid: A modular system for the design and production of newpapers magazines and books*. John Wiley & Sons, New York 1978

Josef Müller-Brockmann, *Grid systems in graphic design*. Niggli, Sulgen/Zürich 1981 (2008⁴)

Lucienne Roberts, Studio Ink et al., *Grids. Creative solutions for graphic designers*. RotoVision, Mies/Hove 2007

Lucienne Roberts & Julia Thrift, *The designer and the grid*. RotoVision, Mies/Hove 2005

Jan Tschichold, *The new typography*. Translated by Ruari McLean. University of California Press, Berkeley/Los Angeles 1995

字体与绘制文字设计

Phil Baines & Catherine Dixon, *Signs: Lettering in the environment*. Laurence King, London 2003

Sebastian Carter, *Twentieth century type designers*. W.W.Norton & Company, New York 1995 (new edition)

Karen Cheng, *Designing type*. Laurence King, London 2006

Simon Loxley, *Type: The Secret History of Letters*. I.B.Tauris, London/New York 2004

Jan Middendorp, *Dutch type*. 010 Publishers, Rotterdam 2004

Jan Middendorp & TwoPoints.Net, *Type Navigator*. Gestalten, Berlin 2011

Gerrit Noordzij, *The stroke: Theory of writing*. Van de Garde, Zaltbommel 1985

Walter Tracy, *Letters of credit: a view of type design*. David R. Godine Publishers, Boston 2003

Bruce Willen & Nolen Strals, *Lettering & type*. Princeton Architectural Press, New York 2009

书写历史

Timothy Donaldson, *Shapes for Sounds*. Mark Batty Publisher, New York 2008

Johanna Drucker, *The alphabetic labyrinth: The letters in history and imagination*. Thames and Hudson, 1995

Marc-Alain Ouaknin, *Mysteries of the Alphabet*, Abbeville Press, New York 1999

[John Boardley] *The origins of abc*, ilovetypography.com/where-does-the-alphabet-come-from, 2010

屏幕上的文字设计，网页字体

Matthias Hillner, *Virtual typography*, AVA Publishing, Lausanne 2009

Stephen Coles, Frank Chimero e.a., 'Cure for the Common Font.' typographica.org

文字设计的技术

Johannes Bergerhausen & Siri Poarangan *Decodeunicode: Die Schriftzeichen der Welt*. Hermann Schmidt, Mainz 2011

John D. Berry (ed.), *Language culture type: International type design in the age of Unicode*. ATypI–Graphis, New York 2002

David Jury, *Letterpress: The allure of the handmade*. RotoVision, Mies/Hove 2004

Robert Klanten, Hendrik Hellige, Sonja Commentz, *Impressive: Printmaking*, letterpress and graphic deisgn. Gestalten, Berlin 2010

Fred Smeijers, *Counterpunch: Making type in the sixteenth century, designing typefaces now*. Hyphen Press, London 1996 (2011²)

信息设计

Paul Mijksenaar, Piet Westendorp, Petra Hoving, *Open here: The Art of Instructional Design*. Thames and Hudson; New York/London 1999

Edo Smitshuijzen, *Signage design manual*. Lars Müller, Baden 2007

Edward Tufte, *The visual display of quantitative information*, Graphics Press, Cheshire 2001 (or. 1983)

Edward Tufte, *Envisioning information*, Graphics Press, Cheshire 2005 (or. 1990)

TwoPoints.Net (ed.), *Left, right, up, down: New directions in signage and wayfinding*. Gestalten, Berlin 2010

Jenn Visocky O'Grady & Ken Visocky O'Grady, *The information design handbook*. RotoVision, Mies/Hove 2008

推荐的杂志和博客

Baseline (UK, irregular) baselinemagazine.com

Codex (Int. English, 2 issues per year) codexmag.com
See also: ilovetypography.com

Eye (UK, 4 issues per year) blog.eyemagazine.com

Typo (English/Czech, 4 issues per year) http://www.typo.cz/en

Ralf Herrmann, Wayfinding & Typography. opentype.info/blog/

Paul Shaw, Shaw blog & Blue Pencil paulshawletterdesign.com

jasonsantamaria.com/articles

设计师及设计公司的图录索引

蒂姆·阿伦斯	Tim Ahrens 98, 102, 110, 130	维克多·高尔特尼	Victor Gaultney 111
芭芭拉·阿拉维斯	Barbara Alves 144	皮特·杰拉德	Piet Gerards 48
菲利普·埃皮罗格	Philippe Apeloig 93, 106, 156	米克·格里岑	Mieke Gerritzen 61
罗马·比特纳	Apfel Zet (Roman Bittner) 8	克里斯蒂汀·格特什	Christine Gertsch 28
	Area 17 57	阿米纳·萨里恩	Armina Ghazaryan 161
			GOOD Corps 115
玛丽安·班耶斯	Marian Bantjes 4, 125, 149	乔纳森·格雷	Gray 318 (Jonathan Gray) 30, 109
卢卡·巴尔切洛纳	Luca Barcellona 83	卢卡斯·德赫罗特	Luc(as) de Groot 65–67, 94, 140
索菲·贝耶尔	Sofie Beier 78	尼娜·哈德威格	Nina Hardwig 95
约翰尼斯·贝格豪森	Johannes Bergerhausen 131	约翰·哈特菲尔德	John Heartfield 156
彼得·比拉克	Peter Bil'ak 69, 150	贾勒特·希瑟	Jarrett Heather 158
安德烈亚斯·特罗吉斯	Blotto Design (Andreas Trogisch) 53	萨库·海内恩	Saku Heinänen 150
埃里克·范·布劳克兰德	Erik van Blokland 89	拉尔夫·赫尔曼	Ralf Herrmann 140
伊玛·布	Irma Boom 121	克劳斯·黑塞	Klaus Hesse 142
卡米尔·布路易	Camille Boulouis 106	赛勒斯·海史密斯	Cyrus Highsmith 87, 99
洛朗·布尔瑟利尔	Laurent Bourcellier 68	杰西卡·希舍	Jessica Hische 109
亚历山大·布兰克孜克	Alexander Branczyk 155		Hoefler & Co. 89, 139
霍斯·布伊文加	Jos Buivenga 111, 114, 135		House Industries 38
		托马斯·霍特-马钱德	Thomas Huot-Marchand 101
	Cadson Demak (A. Wongsunkakon) 154	维尔莫斯·胡萨尔	Vilmos Huszár 90
奥兹·库珀	Oswald 'Oz' Cooper 90		
维姆·克劳威尔	Wim Crouwel 54, 92	海伦·英厄姆	Helen Ingham 160
		鲍德韦因·莱斯瓦特	Boudewijn Ietswaart 109, 122
多尔顿·马格	Dalton Maag 111		
乔舒亚·达登	Joshua Darden 101, 105		Jardí+Utensil (Enric Jardí, Marcus Villaça) 25
乔·德·巴尔德马克	Jo De Baerdemaeker 153	查尔斯·荣格扬斯	Charles Jongejans 124
莎拉·德·邦特	Sara De Bondt 153		
布拉姆·德·杜斯	Bram de Does 85, 170		Kaune & Hardwig 102, 139
彼得·德·罗伊	Peter De Roy 92	麦克斯·基斯曼	Max Kisman 77, 171
史蒂芬·德·斯赫雷费	Stéphane De Schrevel 121, 161		Kitchen Sink Studios 37
福尔图纳托·德佩罗	Fortunato Depero 154		
凯瑟琳·狄克逊	Catherine Dixon 31	保罗·范·德·拉恩	Paul van der Laan 91
格特·多尔曼	Gert Dooreman 18, 58	熔岩工作室	Lava Studio 13, 93
迪诺·多斯·桑托斯	DS Type (Dino dos Santos) 99	托马斯·莱纳	Thomas Lehner 28
苏珊娜·杜尔金斯	Susanna Dulkinys 29, 33	安妮特·楞次	Anette Lenz 19, 55
登贝工作室	Studio Dumbar 32, 152	塞布·莱斯特	Seb Lester 39, 150
克里斯托夫·邓斯特	Christoph Dunst 99	雅布·伍特斯	Letman (Job Wouters) 106
丽贝卡·杜兰	Rebeca Durán 147	苏珊娜·利奇科	Zuzana Licko 79, 112
威廉·爱迪生·德威金斯	W.A. Dwiggins 98		
		马丁·马约尔	Martin Majoor 68, 85, 99
伊登斯毕克曼	Edenspiekermann 29, 33	法奈特·梅利耶	Fanette Mellier 23
	Emery Studio 157	劳拉·梅塞格尔	Laura Meseguer 137
实验喷气机	Experimental Jetset 95	奥马尔·马特	Otmar Motter 171
费利克斯·尤尔斯	Felix Ewers 156		
		莫希克·纳达夫	Moshik Nadav 147
	Faydherbe/de Vringer 40–41	赫里特·努德齐	Gerrit Noordzij 76
尼古拉斯·佩尔顿	Feltron (Nicholas Felton) 17	彼得·马蒂亚斯·努德齐	Peter Matthias Noordzij 99
亚历山德罗·塔尔塔利亚	FF3300 (Alessandro Tartaglia) 150		
	Freitag 10–11	大卫·皮尔森	David Pearson 31, 83
阿德里安·弗鲁提格	Adrian Frutiger 69	阿克塞尔·戴莫耶	Axel Peemöller 157
		文森特·佩洛特	Vincent Perrottet 19

弗朗索瓦·波切斯	Jean François Porchez 111	维姆·韦斯特费尔德	Wim Westerveld 62
马克·波特	Mark Porter 105	本诺·维辛	Benno Wissing 26–27
	Raureif 173		xplicit 9, 155
佛朗哥·玛丽亚·里奇	Franco Maria Ricci 87		
R2(莉莎·拉马霍洛和阿图尔·利贝罗)	R2 (Lizá Ramalho, Artur Rebelo)	Yanone(扬·杰纳)	Yanone (Jan Gerner) 111
	endpapers, 155		
纳丁·罗萨	Nadine Roßa 134		

特别感谢以下公司或机构 Emigre, Font Bureau, Heike Grebin, Annette C. Dißlin (blei klötzle Buch druck atelier), Niggli Verlag, Anna Ietswaart, D.MartijnOostra, Penguin Books Ltd, Nick Shinn and Jannie Wissing 为本书供图并授权发表。

朱迪斯·莎兰斯基	Judith Schalansky 83, 103	
英格堡·舍费尔斯	Ingeborg Scheffers 145	
亚历克斯·绍林	Alex Scholing 13, 16	
尼克·舍曼	Nick Sherman 148, 160	
弗莱德·斯梅耶尔斯	Fred Smeijers 62, 165	
Spunk United(麦克斯·汉考克)	Spunk United (Max Hancock) 36	

特别感谢以下字库厂商和作者提供字样：FSIFontShop International, Lucasfonts, Jan Fromm, Incubator/Village, Hoefler & Co, Mota Italic, MyFonts, OurType, Jeremy Tankard, 265tm.

弗朗齐歇克·施托姆	František Štorm 58, 79, 86
安德烈亚斯·施特茨纳	Andreas Stötzner 80
Stuntbox(大卫·斯莱特)	Stuntbox (David Sleight) 56
Sudtipos(亚历杭德罗·保罗)	Sudtipos (Alejandro Paul) 28, 108, 130

本书所呈现的字体都归字库厂商或个人所有，所有的字体名称都是他们各自的注册商标。

Superscript 2(皮埃尔·戴尔马·布利和帕特里克·拉勒芒)	Superscript² (Pierre Delmas Bouly, Patrick Lallemand) 151

←→ 扉页，正面和背面：《步行》。海报由葡萄牙R2设计工作室的莉莎·拉马霍洛和阿图尔·利贝罗为巴黎机场的一个展览设计的，由菲利普·埃皮罗格于2008年策展。海报尺寸4×3米，设计师们涵盖欧盟所有国家。

杰里米·坦克德	Jeremy Tankard 89, 96
安德烈亚·廷尼	Andrea Tinnes 60
马克·汤姆森	Mark Thomson 21, 116
Three Steps Ahead(乔希·考文)	Three Steps Ahead (Josh Korwin) 91
阿莱士·特罗舒特	Alex Trochut 107
安德烈亚斯·特罗吉斯	Andreas Trogisch 53
	Trollbäck + Company 159
TypeTogether(韦罗尼卡·布里安和何塞·斯卡廖内)	TypeTogether (Veronika Burian, José Scaglione) 69, 99, 114
	Typejockeys 24
路德维格·于贝勒	Ludwig Übele 99
	Büro Uebele 35
	Underware 69, 83, 108, 147
杰拉德·因赫尔	Gerard Unger 21, 172
彼得·维尔休尔	Peter Verheul 152
马西莫·维格纳利	Massimo Vignelli 45, 87
皮埃尔·文森特	Pierre Vincent 121, 146
埃德加·瓦尔特赫特	Edgar Walthert 64
Weiss-Heiten Design Berlin(比吉特·赫尔策和托比亚斯·科尔哈斯)	Weiss-Heiten Design Berlin (Birgit Hoelzer, Tobias Kohlhaas) 60

作者简介

扬·米登多普是一位荷兰裔旅居柏林的独立作家和平面设计师。他为很多杂志如 Eye、Baseline、Items、Swiss Typographic Magazine、TipoGrafica 和 Typo 撰稿。他还曾经在文字设计公司——包括 FontShop、LucasFonts、莱诺和 MyFonts——担任编辑和顾问。他还曾在比利时、迪拜、委内瑞拉担任视觉传达专业客座教师,最近他在安特卫普的 Plantin Institute 和柏林的 Weißensee 艺术学院任教。

扬·米登多普的其他著作

Lettered. *Typefaces and alphabets by Clotilde Olyff*. Self-published, Ghent-Brussels 2000

'Ha, daar gaat er een van mij!' Kroniek van het grafisch ontwerpen in Den Haag, 1945–2000. 010 Publishers, Rotterdam 2002

Dutch type. 010 Publishers, Rotterdam 2004

Made with FontFont. Type for Independent Minds (with Erik Spiekermann). BIS Publishers, Amsterdam 2006/Mark Batty Publisher, New York 2007

A line of type (with Alessio Leonardi). Linotype/Mergenthaler Edition, Bad Homburg 2006. Korean translation by Seonil Yun: Ahn Graphics, Seoul 2010

Creative Characters. The MyFonts interviews, vol.I. BIS Publishers, Amsterdam 2010

Type Navigator. The Independent Foundries Handbook (with TwoPoints.Net). Gestalten, Berlin 2011

Hand to Type. Scripts, Hand-Lettering and Calligraphy. Gestalten, Berlin 2012

术语表

English	中文
@font-face	能够在服务器上自定义的屏幕字体
accent	读音符号
alphabet	字母列表，书写特定语言所需的字母和符号集合
alternates	备选字符 / 备用体
ampersand	拉丁语 "et" 的缩略号 ["et"意思为and（和）]
anchors	锚点
anti-aliasing	抗锯齿边缘优化
aperture	由笔画形成的开合度
apostrophe	缩写及所有格号
ascender	上伸部
ATypI, Association Typographique Internationale	国际文字设计协会
bar	横画（一个字符中的水平直笔画，例如在字母A中的横笔画）
baseline	基线
bespoke font	定制字体
Bézier curves	贝塞尔曲线
black	粗体
black letter	哥特体（黑体）
body	（铅）字身
bold	粗体
bounding box	字身框
bowl	字碗
box	贴士栏
book	书籍（正文）字体
Brevier size	（旧）八点活字
broad-nib pen	扁头笔
brush script	笔刷体
calligraphy	书法
cap height	大写字高
capital（Majuscule, uppercase）	大写字母，源于罗马体大写字母。同uppercase
casting	手摇铸字机
CE（Central European）	中欧字符
character	字符，一种字体中的字母、数字、空格、标点符号或其他符号
character map	字符映射表
character palette	字符面板
character set	字符集（某一字体中所有的字符编码）
code	代码（编程）、编码（Unicode）
comic	漫画风格的字体
colour	版面灰度
component	部件
composing room	排字间
composing stick	手盘
computer-to-plate，CTP	计算机直接制版
condensed	长体
contrast	笔画粗细对比
control character	控制字符
corner	拐点（用于描述锚点时）
corner point	角点
counter	字腔
counterform	负形
counterpunch	字腔专用字冲
counter-counterpunch	字腔内笔画专用字冲
crossbar	横画
currency sign	货币单位符号
cursive	（拉丁文）草书 / 连笔，参看意大利体
curve	曲线（字符的曲线笔画。有时圆形的曲线被称为圆环或半圆环）；弧点（用于描述锚点时）
custom font	定制字体
dash	连接号
debossing	压凹凸法
demi	半（粗体）
descender	下伸部（从基线向下延伸的笔画）
diacritics	变音符号
digital	数字的
digit	数字 / 数目字（偏重构成数字的单元）
dingbat	装饰符号
display	展示字体（大字号）
dot	点、句点
double prime	角秒符号
drop cap	下沉式段首大写字母
DTP	桌面出版（desktop publishing）
dry transfer sheet	干式转印纸
ductus	轨迹（用书写工具书写留下的动线或路径）
dumb quote	低能引号
Egyptian	埃及体（一种粗衬线的文字设计风格）
E-Ink（electrophoretic ink）	电子墨 / 电泳液
ellipsis	省略号
em	全身
em dash	破折号（全身）
em space	全身空格
en	半身
en dash	连接号（半身）
en space	半身空格
engineers' font	机械型字体
eszet, ß	字母 ß（是两个S字母的连笔字）
exclamation mark	感叹号
expanded	扁体
expansion	扩展（型）
extenders	延伸部（上伸部和下伸部）
extra（tracking）	加大的（字距）
extreme point / extremum point	极值点
extreme	（笔画的）顶端
family	字体家族
figure space	数字宽度空格
figure	数字 / 数目字
fit	相邻的字面和字身的侧间距之和
first-line indent	首行缩进
fixed width nonbreaking space	等宽不断行空格
flag	字头，例如右上角
flatbed proof press	平版（打样）印刷机
flourish	装饰笔形（主要指笔画中段艺术处理）
flush space	对齐空格
font	（铅字时代）一副铅字、（数字时代）一套字体，带有品牌描述时是字库，通常是复数。
font header	字体标题
font metrics	字体参数
Font Remix Tools	字体混合生成器
foundry	铸字厂商或字库厂商（销售或生产字体的行业，它的名字源于旧时生产金属活字的工厂）
fraction	分数
free zone	字身字面之间的区域
fullwidth	全角
gally	铁盘
glyph	（一个字身框为单位的）字符（合字、部件）的数字轮廓，简称数字轮廓
glyphs palette	数字轮廓面板
grid	网格
grunge	解构型（Destructive）字体，也叫垃圾摇滚风格字体
hair space	二十四分之一空格
hairline	超细线
halftones	网点
halfwidth	半角
hand-rendered lettering	手绘文字
hanging initial	悬挂式段首大写字母
heavy	超粗体
heavy duty	低质量媒介下字体设计
high-speed rotation presses	高速滚筒印刷机
hinting	小字号低解析度屏幕显示优化
humanist	人文型字体
hyphen	连字符
hyphenation	断字
indents	缩进
initial capital	段首大写字母
initial	首字母
ink trap	挖角
inline	空心字
instance	生成字（基于一对基准字体由电脑自动生成的字形）
interlinear space	行间距（在数字排版中，两行连续文本的基线之间的距离）
italic	意大利体（通常具有一定的自然、有机的倾斜）
jobbing type	小批量字体
junction	交叉点，两个笔画相交的点
kerned letter	紧排字母（铅字）
kerning	字偶间距
laser typesetting	激光排版（"激光照排"概念在西方并没有对应词）
leading	行距（两行文字之间的间距）；铅条（在金属活版印刷中，是指两行活字之间插入的较宽的以点数为单位的软金属条）
legibility	易读性
Letraset	（字母、符号）印字传输系统
letterform	同lettershape，字形
lettering	绘制文字（对字母或其他符号的独特绘制）
letterpress	活版印刷
ligature	连字（通常指两个字符结合而产生的位于一个字身框的数字轮廓）
light	细的或者细体
line break	换行
lining figure	正文等高数字
Linotype	莱诺 / 莱诺整行铸排机

lowercase (minuscule)	小写字母
margin	页边空白（页边距）
master	基准字体
matrix	铜模
metric kerning	字偶间距参数
modulation	笔画粗细相对比调节
modulation axis	笔画粗细相对比调节轴
monolinear	等线字体
monospacing	等宽字体
Monotype	蒙纳／蒙纳单字铸排机
multiple master	多重基准字体
nonbreaking space	不断行空格
non-ranging numeral (non-lining, old-style figures)	不等高数字（适用与小写混排的数字，高度通常与x高一致，并且有延伸部）。
number	数字／数目字（偏重数字的概念）
numeral	数字／数目字（偏重数字的数值或编号）
numerator and denominator	分子（数字）和分母（数字）
oblique	斜体
offset printing	胶印／平版印刷
old style figure or oldstyle figure	正文不等高数字
old-style roman	古典罗马体
oldstyle	古典体（人文体）
OpenType	一种矢量字体格式（本质上是TrueType字体的扩展，更具灵活性且拥有贝塞尔曲线或二次曲线更大的存储量。其扩展名既可以是TTF，又可以是OTF）
opening quote	开引号
optical	视觉的
optical compensation	视觉调整
outdent	段首凸出
overshoot	视错觉溢出补偿
page cord	捆版线
palette	调色盘
papier-mâché slab	纸型
PDL Page Description Language	页面描述语言
period	句号
photocomposition	照相排版（简称照排）
phototypesetter	照排机
pica	派卡
pictogram	图形符号
pilcrow	段落符
platen press	圆盘机
point	点，十二进制文字设计的基本测量单位。
pointed pen	尖头笔
PostScript	斯卡廖内：图形行业的标准页面描述语言，由Adobe Systems于20世纪80年代开发。随之开发的还有字体格式，如PostScript Type 1格式，以及1991年和1992年，与之对应的TrueType格式
prime	角分符号
proportional figure	比例宽度数字
proportional lining	正文等高数字
proportional non-ranging	比例不等高不等宽数字
proportional old style	正文不等高数字
proportional ranging	比例等高不等宽数字
punchcutter	字冲雕刻师
punch	（字冲）冲孔
quarter space	四分之一空格
quotation mark	引号
ranging numerals	等高数字
raised cap	上升式段首大写字母
rasterising	栅格化
readability	可读性
red Ulano masking film	红色优乐诺的遮光菲林
regular	常规体
revival	复刻（直接数字化，这是一个负面词，往往设计的效果并不好才用）覆刻（微调后数字化）和改刻（对原有设计进行提升后数字化）
river	行间连续白空间
roman	罗马体（常规体、标准体）
rubbing type	干式转印字
running indent	连续缩进
sampling word	样本词
sans serif	无衬线体
script	手写体（表示字体设计时）；脚本（表示计算机语言时，它是一个包含特定作用的简单程序的小文件，以补充解释它的软件）；文种（Unicode专指）
section	小节（号）
selection of character	基础字
semibold	半粗体
semicolon	分号
serif	衬线体，某些字体的笔画端点的元素（非结构性）
shoulder	字肩（在字体构造中，指字母如"n""r"和"u"中，与竖画连接的横向有弧度的笔画）
sidebearing	（活字）字面和字身的侧间距，每个字符的横向空间
signature	折手
sixth space	六分之一空格
slab serif	粗衬线（体）
slashed zero	中间带斜线的0
slug	铸条
small cap (capital)	小型大写字母
small capital numerals	小型大写数字
small text	小字号字体
smart quote	智能引号（弯引号）
spacing	字间距
specimen	样本，字体样本
standing type, live matter or standing matter	备用活版
stem	字干
stencil	模板字体（用模板印出的文字）
stereotyping	浇铸铅版法
stroke	笔画
subscript & superscript	下标数字和上标数字
subset	字体子集
superfamily	超大字体家族
swash	花式书写笔形（主要指起笔和收笔，具有装饰性特征的延伸笔画或额外笔画
tabular figure (number)	表格等宽数字
tabular lining, tabular ranging	表格等宽等高数字
tabular non-ranging, tabular old style	表格等宽不等高数字
tangent	切点（用于描述锚点时）
template font	模版字体
terminal	笔画端点
text	正文（字体）
The art of printing with moveable type	西式活版印刷技术
the monumental alphabets of ancient Rome	古罗马铭文大写字母
the unified font object	统一字体格式
thin	超细体
thin space	铅活版印刷中指的是五分之一全身空格，电脑排版中指的是六分之一或八分之一空格
third space	三分之一空格
tracking	字距
translation	平移（型），以不改变笔画方向为特征
type	字体
type designer	字体设计师
type director	字体设计总监
type size	字号
typeface	字体
typeface family	字体家族
typesetter	排字工、排字机
typesetting	排字、排版
typesetting office	排字公司（香港叫植字公司）
typographer	文字设计师
typographic colour	文字设计的版面灰度
typography	文字设计
uncial	安色尔体
Unicode	Unicode码
uppercase (majuscule, capital)	大写字母
uppercase initial	大写首字母
versatile	多用途型字体（指的是通用不同介质的字体，如印刷和屏幕显示）
vertical alignment	竖向笔画对齐
vertical stress	垂直轴线字体
wayfinding	导视
weight	字重
WOFF (Web Open Font Format)	网络开放字体格式
woodcut	（主要指西式）木活字
workhorse	万能型字体（指的是可以对小字号显示、低质量印刷和显示等不同条件的字体）
writing	书写的行为（以连续的方式写出字母或其他符号，并且不必特别注意它们的风格）
x-height	x高

谨向以下对术语翻译提出无私宝贵意见的专家和朋友表示感谢：

弗莱德·斯梅耶尔斯（荷兰）、何塞·斯卡廖内（阿根廷）、黄陈列（美国）、克里斯托巴尔·埃内斯特罗萨（墨西哥）、劳拉·梅塞格尔（西班牙）、杰瑞·利奥尼达斯（希腊）、罗宾·金罗斯（Robin Kinross，英国）、罗伯特·布林赫斯特（加拿大）、宋乔君（Sérgio Martins，葡萄牙）、王敏（美国）、韦罗尼卡·布里安（德国）、小宫山博史（日本）、扬·米登多普（荷兰）、约书亚·法默（Joshua Farmer，美国）
陈其瑞、陈嵘、陈慰平（香港）、陈永辉、蔡星宇、程训昌、杜钦、冯小平、郭毓海、黄克俭、黄晓迪、姜兆勤、梁海、林金峰、刘钊、罗琮、齐立、仇寅、苏精（台湾）、孙明远、谭达徽、谭智恒（香港）、汪文、吴帆、邢立、杨林青、张暄、张文龙、朱志伟。

译后记
刘钊

随着网络时代智能载体的普及，字体渐渐脱离平面设计领域，成为独立学科，企业、大众对字体从集体无意识开始，渐渐意识到文字的重要性。版权意识的提升，企业购买字体、定制字体将会成为越来越多的企业识别设计的一部分，同样个性化的字体也成为快速增长的、有着巨大潜力B2C业务。中国字体行业正在迎来前所未有的市场增量时期，字体比赛、活动和展览异常活跃。再看大众，电脑或者智能手机的使用已经相当普遍，人们每天几乎都会直接或间接地做版面设计，甚至编辑设计，例如制作演示文稿或者需要打印的文档，做一张电子贺卡或者发一封电子邮件，不知不觉间，"文本造型"已经成为人们的日常。可以说，文字设计已经成为每个人都需要了解的通识性知识。在大学里，经济地位提升带来"文化复兴"成为学术界的共识，汉字相关文化研究成为这一趋势的重要研究领域。据统计，每年中国艺术与设计类学生的招生人数在40万左右。越来越多的设计院校将字体设计回归主流教学，甚至一些传媒、语言及艺术的学科也开始关注文字设计。近期，与字体相关的讲座越来越多，很多师生寻找相关研究的书籍。多方原因使得近一年来，字体突然成为热门话题，但是我们也发现文字设计因为历史原因有断代，一度在设计学科中也几乎消失殆尽，设计美学也由此逐渐淡出人们的视线，很多字体设计教学或依托老式教材，或依托个人经验，相当随意。这导致很多问题在教学中无法解决。显然我们需要字体设计的研究型书籍。可喜的是，已经有很多优秀的字体书开始源源不断地出版、引进，我们这套"国际文字设计智库"显然也是其中重要的成员。

我与这套丛书结缘于2012年，中央美术学院博士团队有幸受邀参加国际文字设计协会香港年会的演讲，在这次学术会议上，我第一次见到了杰瑞·利奥尼达斯教授。2015年，我与利奥尼达斯教授联系，希望能有机会拜访雷丁大学，利奥尼达斯教授很快就邀请我参加雷丁大学每年7月举办的字体设计高研班（Typeface Design Intensive），并为雷丁大学研究生做一场讲座。但高研班的学费非常昂贵，我着实负担不起。在得知这种情况后，利奥尼达斯教授特意帮我申请了学术观察员的身份，并免除了学费，如此我才得以幸运得参与了世界顶尖的字体设计课程。高研班的教师都是字体专业里赫赫有名的学者，而学员则都是来自全球的职业字体设计师、字体研究者、字体教育者和字体技术人员。在整个课程中，从雷丁大学的馆藏以及教授们个人收藏的文字设计作品，到针对拉丁字体设计与非拉丁字体设计从不同角度展开的深入研习和讨论，我深深感受到了西方在字体设计研究中一些值得我们学习的方法和经验，将字体设计的文脉梳理、字体设计与现代技术的发展、全球字库下多元文化的合作等结合起来综合认识文字设计，"西学东渐"的想法由此产生，这成为这套丛书出版的雏形。"国际文字设计智库"也是以雷丁大学为代表的西方学术界正式进入中国的象征。这套丛书将字体设计研究的成果和不同层面、不同角度的字体设计方法论以丛书的形式带入人们的视野。字体设计不仅仅是字形的设计，还与应用紧密相关，也与技术密不可分，甚至还是文化和意识形态的反映。关于如何深入浅出地正确认识文字设计，我们选定了《文本造型》作为丛书里的第一本。作者扬·米登多普依托于多年在字体理论界的资深经历，将文字设计放到设计史的背景下，内容涵盖了包括文字设计与艺术设计流派、字体与媒介、字体与语境、版式设计的基本规范等大家普遍感兴趣的内容。我们将Shaping Text翻译成"文本造型"是非常有诗意的，"造型"这个词通常被用于艺术的表达，它超出技术本身，带有强烈的审美意味，我们将shaping译成"造型"，就是希望传递出作者对文字经过设计，呈现出美学的宗旨。

作为丛书的第一本真是好事多磨，我们克服了种种困难，使得这本书可以呈现到读者面前。作者本人因为健康原因，多次推掉了我们的邀约。我们其中一位译者不巧也在中途因为同样原因退出（在这里祝他们早日康复）。在审校过程中，我们发现译文和最终出版的版本不一致，造成了部分返工。因为人事变动，这本书历经几位编辑才最终出版，工作交接也颇耗时间。然而以上的困难都不是真正的困难，我们在翻译的过程中遇到的最大困难是术语表。这本书描述了和文字设计相关的方方面面，这让我遇到了前所未有的阻力，国标GB术语表、《英汉·汉英印刷词典》全备上也不够用，一些颇为流行的术语并不准确，一些从未进入中国的技术术语，一些最新出现的术语，对于一些已经知道的概念，却不知道行业内的标准名称，还有不同的字库厂商对某些术语的定义也不一致，于是整理术语表的工作细致展开，反复、多方询问成了我工作的日常，甚至为了搞清楚每一个细节，多次发邮件询问，作者极为耐心地给予解答，甚至有时候还附上相关图片，修改中文版文章表述。为了体会活版印刷工艺流程，我参加了在北京服装学院举办的鲁道夫教授的工作坊。功夫不负有心人，每每得到一个比较准确的术语都让我兴奋不已，但是积累是漫长的，术语表常常几天一个版本，这给前两本书的译者带来不少工作量。本书列出所有对如"百家衣"一般术语的整理给过建议和帮助的国内外字体界专家和朋友名单，对他们的大力协助表示感谢。我们把比较难和有争议的术语附在书后，一是方便大家对照查找资料、相关文献、检索文章等使用，二是希望更多的人士给我们提出宝贵意见，我们将兼收并蓄，对错误进行及时修正，让术语表越来越壮大和规范，成为行业术语的标准。最后还要特别说明，设计师名字也可能有不准确的地方，请随时给我们提出宝贵意见。

  最后，这套书离不开以下单位、机构或者个人的支持。我特别感谢雷丁大学、中央美术学院和国际文字设计协会对丛书的支持，感谢利奥尼达斯教授不但亲自遴选了整套丛书，还对我们整套丛书的出版及后续的文字设计教育项目给出了建设性意见，感谢作者扬·米登多普的耐心解释。感谢学术顾问及编委会专家们对本书的大力支持，特别是谭平教授、王敏教授、周至禹教授和黄克俭教授给予的帮助。感谢利奥尼达斯教授、周至禹教授、曹方教授、李少波教授和吴帆老师为本书精心撰写的推荐语，相信各位专家们的诚意推荐将有助于人们更深入地理解这套丛书。感谢李穆、上官小倍、刘立、朱姝、冯莹、刘申禹等几位编辑对这套丛书耐心而细致的工作及媒体推介。感谢方正字库赞助了这本书的部分出版经费，并提供了正版用字，感谢国际文字设计协会理事何塞·斯卡廖内先生将TypeTogether字库字体免费授权给我们，使得我们这套书从内文到封面都拥有高水准的中西文字体。感谢设计师谭达徽对丛书的整体设计和周子鉴的后期协助，我本人也协助了本次加印印刷文件的修订工作。感谢杨慧丹、罗琮对本书的翻译。最后，我希望中国每一位喜欢设计的朋友能拥有这本书，它将带你进入拉丁字体设计的世界。2018年，中央美术学院迎来百年华诞，这套丛书的推出既是一种担当，又是一份责任。希望"国际文字设计智库"配合文字设计系列学术活动和教育项目等，为营造中国文字设计的良性生态而努力。

2019年7月9日
于北京来广营